Die

Einführung ausländischer Holzarten

in die Preußischen Staatsforsten

unter Bismarck

und Anderes.

Von

John Booth.

Mit 24 Abbildungen.

Berlin.
Verlag von Julius Springer.
1903.

ISBN 978-3-642-51274-2 ISBN 978-3-642-51393-0 (eBook)
DOI 10.1007/978-3-642-51393-0

Softcover reprint of the hardcover 1st edition 1903

Inhalts-Verzeichnis.

Einleitung.

Die Naturalisation der im Laufe der Jahrhunderte seit der Entdeckung Nordamerikas nach Deutschland gelangten Holzarten kann seit langer Zeit als abgeschlossen betrachtet werden.

Mit wenigen, forstlich ganz unerheblichen Ausnahmen haben sich diese Fremdlinge überall, nicht nur in Deutschland, sondern auch in Mitteleuropa und teils bis zum Norden hinauf eingebürgert.

Tulpenbäume, schwarze Walnuß, Akazie, Weymouthskiefer, Zuckerahorn, Traubenkirschen, amerikanische Eichen und eine große Zahl minderwerter Arten haben den Beweis geliefert, daß ihrer guten Entwickelung in der neuen Heimat nichts entgegen steht. Einige unter ihnen gediehen so günstig, daß schon zu Anfang des achtzehnten Jahrhunderts vielfach in Frankreich die Frage aufgeworfen wurde, ob dieses günstige Gedeihen, welches man seit einer langen Reihe von Jahren bei manchen ausländischen Arten beobachten konnte, nicht zur Prüfung auffordern solle, ob und wie weit diese Arten für den französischen Wald nutzbringend zu verwerten sein möchten[1]).

Diese Fragen wiederholen sich im Laufe der Zeit, — auch in Deutschland treten ähnliche Bestrebungen hervor. Offiziell geschieht indessen ausschließlich in dieser Richtung nur etwas in Frankreich, wo um die Mitte bis zu Ende des Jahrhunderts mehrere Minister

[1]) Histoire de l'Académie des sciences. Reflexions sur l'état des bois 1721.

die Frage der Einführung ausländischer Holzarten in die französische Forstverwaltung andauernd fördern.

Bis zum Jahre 1810 finden wir eine ganze Anzahl Schriften, deutsche und französische, darunter klassische Werke, bis heute noch unübertroffen, welche uns über alles Aufschluß geben.

Gründlicher und besser sind die im Walde Nordostamerikas vorkommenden, uns besonders interessierenden wertvollen Laubhölzer nicht wieder beschrieben, als von Wangenheim und Michaux — waren doch beide viele Jahre drüben.

In Deutschland sind zu jener Zeit viele Pflanzungen auf den Besitzungen der Standesherren und in den Schloßgärten der zahlreichen Fürsten entstanden.

Bereits bis zu Beginn des neunzehnten Jahrhunderts kann die Naturalisation der nordostamerikanischen Arten als eine vollkommen gelungene bezeichnet werden. Diese mußte den forstlichen Versuchen voraufgehen, denn die erste Forderung, die wir an eine ausländische Art stellen müssen, wenn sie für forstliche Zwecke angepflanzt werden soll, ist, daß ihr unser Klima zusagt. Zu dieser Feststellung hat es indessen einer ungebührlich langen Zeit bedurft, da die staatlichen Organe, die sich mit der Frage zu befassen hatten, bis gegen Ende des vorigen Jahrhunderts darin einig waren, daß die Einführung fremder Holzarten in den deutschen Wald ein verfehltes Unternehmen sei.

Nun wurden nach der Einrichtung der staatlichen Versuche in Preußen 1880 viele Stimmen laut, welche, in völliger Unbekanntschaft mit der großen diesbezüglichen Literatur, der Meinung Ausdruck gaben, als ob wir noch gar keine Kenntnisse von den ausländischen Bäumen hätten — trotz der vielen alten lebenden Exemplare, die sich aller Orten finden.

In forstlicher Beziehung wußten wir allerdings von manchen ausländischen Arten wenig; — ihre Ansprüche, wie sie forstlich bei uns zu behandeln seien, waren uns teilweise unbekannt, — z. B. Juglans nigra, die schwarze Walnuß aus Nordamerika. Wir wissen, daß sie seit Jahrhunderten vollkommen winterhart und naturalisiert ist, trotz aller gegenteiligen Behauptungen, weit härter als unsere Walnuß, — über ihren forstlichen Anbau und ihre Behandlung als Waldbaum wissen wir indessen so gut wie nichts. Und so geschah es, daß die Opposition diese unsere Unkenntnis über das forstliche Verhalten benutzte und gleichzeitig auf die Naturalisationsfrage im allgemeinen ausdehnte, ihre Unmöglichkeit und Nutzlosigkeit darstellte, eine Verwirrung bei weniger Sachkundigen hervorrief, um dadurch ihren Hauptzweck zu erreichen, die eingeleiteten Versuche womöglich rückgängig zu machen, was ihr aber nicht mehr gelang.

Es muß dieses einmal ganz besonders hervorgehoben und deutlich ausgesprochen werden. Ich will nur darauf hinweisen, daß noch sehr häufig und oft mit einem großen Aufwand von scheinbarer Gelehrsamkeit die Sache so dargestellt wird, als ob wir erst jetzt eigentlich am Anfang einer wirklichen Naturalisation ständen, nachdem die zum ersten Male staatsseitig mit Erfolg gemachten forstlichen Versuche zum vorläufigen Abschluß gelangt sind.

In der Literatur findet man trotz der vielen neuen Erscheinungen selten etwas, und dann meistens nur sehr Oberflächliches von Wangenheim; obgleich er über die ostamerikanischen Laubhölzer, die bei unserer heutigen Versuchsfrage besonders in Betracht kommen, vor 115 Jahren ein mustergültiges Buch herausgegeben hat, das bis heute unerreicht geblieben ist.

Auch hinsichtlich der Veröffentlichungen über die großen Einführungen Douglas' aus dem nordwestlichen Amerika vor fast 70 Jahren erfährt man bei uns nichts. Seit 30 Jahren bin ich Mitglied der im Jahre 1846 gegründeten Royal Scottish Arboricultural Society. In den bisher erschienenen 56 Jahresberichten[1]) in 26 Bänden finden wir eine enorme Masse von Tatsachen über das Verhalten der nordwestamerikanischen Arten, in Bezug auf Anzucht, Wachstum, Bewurzelung, über in Schottland erwachsene Holzqualitäten u. s. w. Diese unendlich große Anzahl kaum zu bewältigender Massen von Tatsachen über die in Europa seit fast

[1]) Transactions of the Royal Scottish Arboricultural Society. Edinburg 1846—1900. 26 Bände.

einem halben Jahrhundert gemachten Erfahrungen, — sie giebt uns mehr Aufschluß und sicherere Direktiven für den Anbau dieser Arten und für ihre fernere Entwickelung in Europa, als alle Berichte und Beschreibungen Reisender, die, im Vergleich zu Wangenheims und Michaux' langjährigem Aufenthalte, doch nur kurze Zeit dort gewesen sind. Denn das Vorkommen in Riesendimensionen in vielhundertjährigen Beständen ist so verschieden von unseren Verhältnissen, daß das bisherige vorzügliche Gedeihen und die Entwickelung dieser nordwestamerikanischen Arten hier einstweilen uns genügen muß, ohne unseren Blick auf amerikanische Urwälder zu lenken und ohne die Hoffnung zu erregen, auch hier aus unseren Anlagen ähnliche Bestände entstehen zu sehen, wie sie die Beschreibungen der Reisenden uns ausmalen.

Wie uns die heutige Literatur einerseits die bei uns reichsprudelnden Quellen vorenthält, indem sie, in Bezug auf nordostamerikanische Arten, das klassische Buch von Wangenheim nicht gebührend berücksichtigt, — und die nordwestamerikanischen betreffend, die 26 Bände der soeben genannten Transactions gänzlich ignorierte, — und doch in beiden Fällen sich oft die Priorität für längst bekannte und veröffentlichte Dinge aneignen will, — so werden von anderer Seite wissenschaftliche Theorieen aufgestellt, ohne deren exakte Berücksichtigung man nimmermehr naturalisieren könne, Zonen, — Optimum, — Isothermen, — und dergleichen werden ins Feld geführt, — die ganze Sache wird als eine äußerst komplizierte, vielseitiges forstliches Wissen und naturwissenschaftliche Kenntnisse erfordernde Frage hingestellt, welche ohne „Wissenschaft" nicht gelöst werden könnte.

Während doch tatsächlich die Naturalisation der wertvollen Arten aus Nordostamerika, historisch nachweisbar, ganz zufällig und unbewußt im Laufe des letzten Vierteljahrtausends, ohne wesentlichen Einfluß der Wissenschaft sich bereits vollzogen hat.

Als ein noch schlagenderes Beispiel für die seit Jahrhunderten bei uns „von selbst" eingebürgerten Pflanzen aus allen Ländern, namentlich aus dem Orient, bei welchen Gelegenheiten die „wissenschaftlichen" und „forstlichen Kenntnisse" auch nur mit einer sehr untergeordneten Rolle sich begnügt haben mögen, — citiere ich die treffenden Worte des Professor Dr. Kraus[1]): „Wenn plötzlich, „während wir hier versammelt sind, eine Gigantenhand über „unsere Stadt führe und mit einem Schlage alles entfernte, was „nicht schon seit Menschengedenken von selbst bei uns gewachsen „ist, da würden wir dann hinaustreten in eine abschreckende „Wüste." —

Der Handelsverkehr der Völker, die persönlichen Berührungspunkte der Bewohner der neuen mit denen der alten Welt, kurz mannigfaltige Einflüsse, unter denen auch wissenschaftliche durchaus nicht ausgeschlossen sein sollen, haben diese Übersiedelung zustande gebracht. Wie sich diese vollzogen hat, ist in vielen Fällen ungewiß.

Die Naturalisationsfrage der aus dem Osten Amerikas uns hauptsächlich berührenden Arten ist also längst gelöst, und die Wissenschaft hat in dieser Richtung wenig Verdienst. Auch die erst ums Jahr 1830 zuerst zu uns gekommenen wertvollen Nadelhölzer aus dem nordwestlichen Amerika dürfen wir teilweise als naturalisiert betrachten. Wie Wangenheim ohne Wissenschaft naturalisierte, und wie wenig diese mit der Frage der Naturalisation zu tun hat, werde ich in dem Abschnitt über Wangenheim nachweisen.

Was nun noch etwa für unsere klimatischen Verhältnisse passend zu naturalisieren übrig bleibt, ist mehr oder weniger für forstliche Zwecke untergeordnet.

Ob über einige japanische und amerikanische Arten noch kein endgültiges Urteil hat gesprochen werden können, ob unter den Gelehrten eine Differenz über Arten und Varietäten besteht, — oder über Prioritätsfragen, — ist für die Naturalisation ganz gleichgültig, angesichts dessen, was wir über die wertvollsten Arten hinsichtlich ihres klimatischen Verhaltens in unserem Vaterland tatsächlich erprobt haben und also bereits wissen.

---

[1]) „Über die Bevölkerung Europas mit fremden Pflanzen." Vortrag, gehalten in der Versammlung deutscher Naturforscher und Ärzte d. 23. September 1891 in Halle von Professor Dr. Gregor Kraus, Direktor des botanischen Gartens zu Halle.

Diese Arten und Varietäten und alle Streitfragen über Priorität, welche für den weiteren Verlauf der forstlichen Versuche ganz unwesentlich sind, überlassen wir den Gelehrten.

Während nun die Naturalisationsfrage gelöst ist, — ist es die forstliche Versuchsfrage nur erst bis zu einem gewissen Punkte, und man sieht noch, wenn auch sehr hoffnungsvoll, während einiger weiteren Versuchsjahre, ihrer endgültigen Lösung entgegen.

Ich habe es für notwendig gehalten, einmal deutlich darauf hinzuweisen, daß diese beiden Fragen ganz auseinander zu halten sind:

1. Die Naturalisation ist festgestellt, wenn eine ausländische Art seit einem Jahrhundert in der neuen Heimat wächst, blüht, reifen und keimfähigen Samen bringt, der die Fortpflanzung sichert.

2. Die forstlichen Versuche bezwecken dagegen, möglichst genau festzustellen, unter welchen Bedingungen der forstmäßige Anbau einer bereits naturalisierten Art auszuführen ist.

Die Naturalisationsfrage ist für die Arten, welche für uns einen besonderen forstlichen Wert haben, bereits gelöst, — und doch wird sie immer noch in das Gebiet der ungelösten forstlichen Versuchsfrage hineingezogen, es werden beide völlig getrennt zu haltende Fragen dadurch ganz willkürlich mit einander verbunden.

Die Ergebnisse der in den preußischen Staatsforsten ausgeführten Anbauversuche mit fremdländischen Holzarten sind von dem Professor Dr. Schwappach, Dirigenten der forstlichen Abteilung der Hauptstation des forstlichen Versuchswesens in Eberswalde, auf Grund der Berichte sämtlicher preußischer Versuchsstationen im Jahre 1901 veröffentlicht worden.

Durchaus übereinstimmend sind diese Urteile über einige der hauptsächlichsten Bäume aus Nordwest-Amerika mit den reichen Erfahrungen, welche wir in den eben erwähnten Bänden der Transactions of the Royal Arboricultural Society 1846—1901 in überraschender Fülle veröffentlicht finden.

Durch jene Ergebnisse erhalten alle Nachrichten über die außerhalb der offiziellen Grenzen gewonnenen Resultate einen besseren Anhalt und größeren Wert.

Ebenso jene Publikationen bis zu 1750 zurück, wenn ihr Inhalt nun mit den amtlichen Ergebnissen der Gegenwart in erfreulichster Übereinstimmung sich befindet.

Sie gewinnen, was ihnen bisher versagt geblieben ist, das Recht der Glaubwürdigkeit und der Zuverlässigkeit. Denn da zumeist Nichtforstleute die Autoren der bis 150 Jahre zurückreichenden Schriften waren, so stand jenen in den Augen der damaligen forstlichen Kreise, — und auch noch in denen der Gegenwart, wie ich selbst das im reichlichsten Maße habe erfahren müssen, — das Recht, über solche Themata zu schreiben, — nicht zu.

Damals, wie auch größtenteils noch jetzt, standen die forstlichen Kreise unter einem bedenklichen Vorurteil.

Bernhardt sagt in seiner Forstgeschichte von Wangenheim, obgleich er seine gute Beobachtungsgabe hervorhebt, — „er war ohne alle forsttechnische Kenntnis“.

Dennoch hat er, meines Erachtens, trotzdem seine Urteile in forstlichen Kreisen mit einzelnen Ausnahmen wenig oder nichts gelten, jenes klassische Werk über die Einbürgerung der nordamerikanischen Holzarten geschrieben, welches bis heute in seiner Eigenart von keinem ähnlichen Werke, in Bezug auf Naturalisatin, übertroffen worden ist. Nur das kostbare Werk des Franzosen Michaux von 1810 ist in dieser Beziehung dem Wangenheimschen an die Seite zu setzen.

Man sieht an diesem Beispiel, daß jemand, ohne besondere forsttechnische Kenntnis zu haben, doch im Besitze derjenigen Fähigkeiten sein kann, um nicht nur die Einbürgerung ausländischer Holzarten, sondern auch die Kultur einheimischer mit Erfolg ausüben zu können.

Recht deutlich tritt uns, wenn wir aufrichtig sein wollen, aus den „amtlichen Ergebnissen von 1901“ hervor, wie jenes Vorurteil zum großen Schaden für unsere Wälder, im Laufe eines Jahrhunderts, geworden ist.

Man kann sich nicht verhehlen, daß es den Forstbehörden damals, und teilweise auch noch bis in die neueste Zeit, an der nötigen Einsicht gefehlt hat, um diese Arten, welche zum Teil vor einem Jahrhundert bereits zu stattlichen Bäumen herangewachsen waren, nur vorurteilslos zu „versuchen", unter gleichzeitiger energischer Abwehr aller überschwenglichen Pläne der Enthusiasten, wie solche zu Anfang des 19. Jahrhunderts oft genug lärmend hervorgetreten sein mögen.

So wehrte man damals allerdings kräftig ab, — aber tat nichts für die Versuche mit ausländischen Holzarten, und, abgesehen von den Pflanzungen einiger Privatleute, geschah seitens des Staates nichts.

Die Legende, daß die ausländischen Arten nichts für unseren Wald bedeuteten, stand nun einmal fest und sie hat sich bis auf die Gegenwart von einer forstlichen Generation auf die andere vererbt.

Die „amtlichen Ergebnisse" des Professors Dr. Schwappach behandeln in Bezug auf die ostamerikanischen Arten ganz dieselben, die 1787 Wangenheim empfiehlt.

Hätte man ums Jahr 1780 Versuche angestellt, wie es gerade ein Jahrhundert später — 1880 — auf Bismarcks Veranlassung geschehen ist, so hätten wir schon damals nach Ablauf der 20-jährigen Versuchsperiode — 1800 — im wesentlichen ganz dieselben „amtlichen Ergebnisse" erhalten, die uns jetzt — 1900 — Professor Schwappach mitteilt.

Ein volles Jahrhundert verloren!

Den Kenner dieser um die Mitte des 18. Jahrhunderts von Wangenheim und du Roi auf Grund hiesigen Materials beschriebenen Arten konnte es nicht überraschen, wenn die „Ergebnisse von 1901" denen aus den Jahren 1760 bis 1810 ziemlich ähnlich lauteten[1]).

Wenn ich nun jetzt, nach dem Erscheinen der in ihrer Zusammenstellung und Übersichtlichkeit gleich verdienstvollen Arbeit des Professors Schwappach, noch einmal das Wort nehme, um mich zu dem seit 20 Jahren unternommenen Versuche auszusprechen, so geschieht es

---

[1]) Selbstredend sind die nordwestamerikanischen und japanischen Arten, die damals noch nicht bekannt waren, bei dieser Betrachtung ausgeschlossen.

erstens, um die führende und entscheidende Rolle, welche der Fürst Bismarck bei der Einleitung der staatlichen Versuche in dieser seit einem Jahrhundert lebhaft umstrittenen Frage übernommen hat, geschichtlich festzustellen, und damit zugleich auch im Walde für alle Zeiten ihm ein Denkmal zu setzen, (weiß doch schon die jetzige Generation wenig oder garnichts von seiner Tätigkeit auf diesem Gebiete, und wird dieselbe von gewissen Seiten — bewußt — mit Stillschweigen übergangen),

zweitens, um, wie ich schon angedeutet habe, an einigen besonders sich bewährt habenden Arten den Nachweis zu führen, wie zu unserm eignen großen Schaden die Versuche von den maßgebenden Persönlichkeiten niemals befürwortet worden sind, — und endlich

drittens, um einige Nachträge und Vorschläge zu den Schwappachschen Ergebnissen zu besprechen.

Sodann bemerke ich, daß einige Abhandlungen, die im Laufe der letzten 25 Jahre zerstreut erschienen, hier zugefügt sind, da sie viel historisches und statistisches, mühsam gesammeltes Material enthalten.

Besonders mache ich für jene Zeiten, wo hier gewachsenes Holz der Douglasfichte hiebreif werden sollte, auf den Artikel „die Naturalisation der Douglasfichte" (1890) aufmerksam, da sich vielleicht ein Streit der Meinungen über das Holz entspinnen könnte.

Auch die historischen Temperaturangaben und Sonstiges über frühere sehr kalte Winter und Nachrichten über die Zahl der erfrorenen einheimischen Bäume behalten ihren Wert.

Phot. Bockmann, Hochfelden (Elsaß).

Fürst Bismarck in Friedrichsruh.

Fürst Bismarck und die ausländischen Holzarten.

(1878—1898.)

Als ich im Jahre 1882 mit der Herausgabe meines Buches „Die Naturalisation ausländischer Waldbäume in Deutschland“[1]) beschäftigt war, und der Fürst Bismarck sich einmal angelegentlich nach dem Erscheinen desselben erkundigte, benutzte ich diese Gelegenheit, seine Erlaubnis zu erbitten, ihm das Buch widmen zu dürfen. Auf besonders freundliche Art gewährte er sofort diese Bitte. Ein Satz in dieser Widmung lautet folgendermaßen: „Spätere Generationen werden es in erster Linie Ihnen, durchlauchtigster Fürst, „zu danken haben, wenn in Deutschlands Forsten neben unseren „einheimischen auch ausländische Waldbäume forstmäßig angebaut „werden“.

Für die von mir angeregten staatlichen Versuche, — die in Friedrichsruh ausgeführten Pflanzungen standen unter der Pflege des Oberförsters Lange, welcher ihnen ein großes Interesse widmete, — ist es nun ein wahres Glück gewesen, daß der Fürst noch eine Reihe von Jahren den Verlauf derselben hat verfolgen können und, wenn auch nicht direkt eingreifend, schon allein durch die Wirkung seiner mächtigen Persönlichkeit den weiteren Fortgang beeinflußt hat.

Wäre er bald zurückgetreten oder gestorben, so wären die eben eingeleiteten offiziellen Versuche — trotz des großen Interesses,

---

[1]) Verlag von Julius Springer, Berlin 1882.

welches die Vorstände der Hauptstation und viele Oberförster ihnen entgegenbrachten, — von der bureaukratischen Opposition durch passiven Widerstand gleich zu Anfang erstickt worden.

So lange Bismarck am Leben war und man wußte, daß er, auf Grund der außerordentlichen Leistungen der Exoten im Sachsenwalde, sich sehr für die von ihm ins Leben gerufenen Versuche interessierte, — hütete man sich wohl in gewissen oberen Regionen, Opposition zu machen. Aber, obgleich man diese nicht öffentlich zu betreiben wagte, herrschte damals und noch bis auf die letzte Zeit die Ansicht vor: „Schade um jeden Taler, der „für Exoten ausgegeben wird. Man darf dieses Wort zwar jetzt „nicht laut äußern, aber die meisten bekennen sich im Stillen dazu". Das sagte mir jemand, der es wissen mußte, — ein Oberforstmeister und Anhänger der Exoten.

So blieb nun aber bis zum Abgange des Fürsten hinreichend Zeit, um durch die teilweise sehr gelungenen Versuchsbilder manchen aufgeklärten, vorurteilslosen Forstmann zu bestimmen, mit wirklichem Interesse sich ebenfalls diesen Versuchen zu widmen. Und so war es der bureaukratischen Opposition nicht mehr möglich, sie hätte es anstellen können, wie sie wollte, diese Versuche wiederum ganz zu vernichten.

Es war im Sommer 1899, als der Landforstmeister Dr. Danckelmann mir und meinem Freunde de Vilmorin aus Paris, der die Exotenfrage bei uns studieren wollte, die sämtlichen Versuchsflächen bei Eberswalde zeigte und für seinen Vortrag auf dieser Exkursion uns auf dem Wagen ein reiches Kartenmaterial, zur großen Verwunderung des Franzosen, vorzeigte. Ich erinnere mich, daß ich bei dieser Gelegenheit die Frage stellte, ob dieses ganze Werk nicht doch noch durch seine Nachfolger, wenn diese den fremden Arten sich weniger geneigt zeigen würden, zu Grunde gerichtet werden könnte. Denn wenn man sähe, wie seit Jahrhunderten in Bezug auf die kostbaren Laubhölzer aus dem Osten Nordamerikas gesündigt und schlecht gewirtschaftet worden wäre, so wäre das sehr entmutigend für den Verlauf der seit 20 Jahren ins Leben gerufenen Versuche.

Darauf erwiderte Danckelmann: „Das ist in dem jetzigen „Falle nicht mehr möglich, — nachdem wir einmal soweit gekommen „sind; — in den ersten Jahren hätte es wohl noch gelingen „können!"

Und so kann ich heute wohl mit berechtigterer Hoffnung als vor 20 Jahren aussprechen, daß diese jetzt ihren naturgemäßen Verlauf nehmenden Versuche ein glückliches Ende erreichen und „späteren Generationen" Gelegenheit geben werden, sich auch in dieser Waldfrage des Fürsten Bismarck einflußreicher Tätigkeit zu erinnern.

Im Andenken an ihn und um für alle Zeiten seine persönliche Beteiligung an dem Beginn der amtlichen Versuche und sein langjähriges Interesse an dem weiteren Verlauf derselben festzustellen, habe ich diese Entwickelung historisch darzustellen versucht.

Wir alle, — meine Freunde und ich, — und wenn auch die besten Namen in dieser Sache sich zusammenfanden, waren dem offiziellen Bureaukratismus doch nicht gewachsen. Was konnten wir diesem gegenüber wohl ausrichten?

Scheinbar förderte er oft unsere Sache, ergriff aber jede Gelegenheit, durch Verschweigen und Entstellung der Tatsachen, gegen die ausländischen Arten zu agitieren. Diese Opposition äußerte sich in rabulistischer Weise. Es erschienen umfangreiche forstliche Lehrbücher, noch bis auf die neueste Zeit, ohne die seit fast 20 Jahren allerorten staatlich betriebenen Versuche auch nur zu erwähnen; ja, der Name der Douglasfichte wurde an vielen Stellen nicht einmal genannt. Von anderer forstlicher Seite aber wurde die Hoffnung ausgesprochen, daß demnächst wohl der Augenblick gekommen, wo die letzte Douglasfichte erfroren aus dem Walde verschwunden sein würde, — man wolle keine fremden Arten, unsere einheimischen genügten vollkommen, — und mir müßten die Rechte, welche ich mir anmaßte, entrissen werden.

Dagegen wurde wiederum von Forstleuten die vor 50 Jahren von südlichen Gestaden eingeführte und stets erfrierende Seestrandkiefer — Pinus maritima — liebevoll erwähnt; schreckte sie doch als warnendes Beispiel ab, und glaubte man mit ihr den Beweis zu liefern, daß es doch eigentlich mit der ganzen Naturalisationsfrage bei uns nichts sei. Nebenbei sei hier bemerkt, daß diese Kiefer zuerst von der preußischen Staatsforstverwaltung um die Mitte des vorigen Jahrhunderts zur Pflanzung an der Küste der Ostsee eingeführt worden ist, — natürlich konnte sie hier nicht gedeihen.

Schon vor 130 **Jahren** (!) sagt du Roi, „daß er sie wegen „ihrer besonderen Zärtlichkeit bei unseren Frösten für „Niedersachsen nicht anraten könne", und von Burgsdorf nennt sie „zärtlich".

Der Mißerfolg aber, welcher bei besserer Kenntnis der von du Roi sehr genau beschriebenen „Meerkiefer, oder langnadeligen Pinaster" hätte vermieden werden können, hat jedoch, da die mißglückten Versuche von Staats wegen ausgeführt worden sind, bis auf die neueste Zeit seine Schatten auf die ganze Naturalisationsfrage geworfen, da man diesen staatlich gewonnenen Resultaten eine besondere Autorität beizumessen geneigt war.

Genug, die „weiche Seestrandskiefer" wurde amtlich immer wieder als Zeugnis gegen die Naturalisation der ausländischen Holzarten ins Feld geführt, und die hier und dort halberfrorenen Exemplare in den Forstgärten sorgfältig als Zeugen für die Unmöglichkeit der Naturalisation liebevoll konserviert.

Einem Manne wie dem Fürsten Bismarck, der das lebhafteste Interesse am Park und am Walde hatte, der keine Gelegenheit versäumte, hier Erholung und Gesundheit zu suchen, war die Materie, die ich mit ihm verhandeln durfte, schon von Anfang unserer Beziehungen an äußerst sympathisch gewesen, und aus diesem waldbaulichen Interesse entwickelte sich ein Wohlwollen, das bis zu seinem Tode gedauert hat. Wie konnte er sich beispielsweise für die Holzabschnitte der vielen vor 50 Jahren von meinem Vater gepflanzten Exoten, die ich hatte schlagen lassen, um die hier erwachsene Qualität mit gleichalterigen aus Amerika zu vergleichen, interessieren, stundenlang beschaute er die Stücke, ließ sich von der Fürstin ein Metermaß geben und maß und zählte die Jahresringe.

Wie überzeugend wirkten auf diesen klaren und vorurteilslosen großen Menschen die vielfachen Vorlagen, welche ich ihm, als Kenner der Exoten und vertraut mit deren Anzucht, machen konnte, unter Hinweis auf die große Anzahl hundertjähriger Ausländer, welche überall bei uns in Deutschland verstreut waren; immer und immer wieder, um ihn zu überzeugen, Neues bringend, damit er die Königliche Staatsforstverwaltung zu einheitlichen Versuchen veranlassen möchte.

Versuche, nichts als vorurteilslose Versuche, wollte ich, einheitliche, nach bestimmter Methode unter einer Leitung, wie solche immer unterblieben waren. Daher denn auch seit langen Jahren die sich stets widersprechenden Urteile, daher die unkontrollierbaren Fehlkulturen, infolge deren es denn auch in den Staatsforsten niemals zu größeren Anbauversuchen gekommen war.

Einen künstlichen Gegensatz, um die fremden Arten aus dem Walde grundsätzlich fernzuhalten, hatte die Opposition immer in Bereitschaft in Bezug auf den Standort zwischen Park (Garten) und Wald. Über diesen ging jedoch der Kanzler spöttisch hinweg.

„Wenn der Baum," sagte Bismarck, „im Park oder Garten „allen ihm gebotenen künstlichen Chikanen Widerstand geleistet hat, „so ist mir für sein Gedeihen im Walde nicht mehr bange. Mit „solchen falschen Argumenten muß man in dieser Frage nicht „fechten."

Sein persönliches Interesse war in steter Zunahme. Die ungestörte Einsamkeit im Walde gab die gute Gelegenheit, den Gesprächen über die Naturalisation einen bleibenderen, nachhaltigen Eindruck zu verleihen. Namentlich an den Pflanzungen beteiligte sich der Fürst, und ich erinnere mich der Zeit mit großer Genugtuung, daß er auf einige Tage nach Berlin mußte und rechtzeitig mir seine Wiederkehr nach Friedrichsruh meldete, um persönlich eine projektierte Pflanzung, für die er sich besonders interessierte, nur nicht zu versäumen. Wie heilsam diese Beschäftigung auf seine Stimmung und auf seine Gesundheit wirkte, das drückte er einmal in den Worten aus: „Wenn wir hier jetzt noch einige „Wochen zusammen pflanzen könnten, dann wäre ich wieder „gesund".

Vielfache Unterhaltungen und Besprechungen über die Naturalisation in Frankreich, Deutschland und England hatten stattgefunden; über die historische Entwickelung derselben, welche ich in der Denkschrift später nur gestreift habe, hatte ich dem Fürsten schriftlich Bericht[1]) erstatten müssen; und nachdem schließlich Bismarck sich eine eigene Meinung über diese ganze Materie gebildet hatte, forderte er mich auf, ihm in einer Denkschrift meine Ansichten zu entwickeln, wie wohl diese Angelegenheit regierungsseitig zu behandeln sein würde.

Am Sonnabend den 13. März 1880 las ich meine Denkschrift, häufig von Fragen und Bemerkungen des Fürsten unterbrochen, vor. Er nahm sie an sich, sie hatte anscheinend einen guten Eindruck auf ihn gemacht. Der Graf Wilhelm wurde beauftragt, noch am selben Abend den Minister Dr. Lucius zum nächsten Tag zu Tisch einzuladen, — auch ich wurde wieder eingeladen, damit dieser Gegenstand gemeinsam beraten werden konnte. Der weitere Verlauf ist ja bekannt[2]).

In den nächsten Jahren wurden die Pflanzungen sowie die Unterhaltung über diese Dinge eifrigst fortgesetzt. So kam das Jahr 1885 heran, und damit der 1. April, der 70. Geburtstag des Fürsten. Bereits am 1. März hatte ich, da Vorbereitungen für eine rechtzeitige Pflanzung notwendig waren, dem Fürsten geschrieben, daß ich mir die Erlaubnis erbäte, ihm zu diesem denkwürdigen Tage eine Anzahl ausländischer Forstbäume verehren zu dürfen; gleichzeitig aber teilte ich ihm meinen Entschluß mit, daß ich im Grunewald, auf einem Teil des im Besitz der Kurfürstendamm-Gesellschaft befindlichen Terrains, eine Versuchsstation

---

[1]) Dieser Bericht findet sich: „Die Einführung ausländischer Holzarten in Deutschland, England und Frankreich in Bezug auf ihren forstlichen Anbau".

[2]) Für die sich dafür Interessierenden finden sich hierüber Aufzeichnungen in „Persönliche Erinnerungen an den Fürsten Bismarck" von John Booth, Hamburg. Verlagsanstalt und Druckerei Aktien-Gesellschaft. 1899.

für ausländische Holzarten, namentlich für Nadelhölzer, anzulegen beabsichtigte.

Seit unserer ersten Begegnung im Jahre 1878, — wo dem Fürsten die Frage der fremden Holzarten noch fern gelegen hatte, war nun ein eingehendes Interesse erweckt, vornehmlich durch die seit einer Reihe von Jahren sehr schön entwickelten Pflanzungen in Friedrichsruh, dann auch durch die inzwischen von manchen Seiten zu ihm gedrungenen Berichte über die seit 1880, infolge seiner Initiative, eingeleiteten offiziellen Versuche, welche Günstiges meldeten.

Ganz besonders muß ich an dieser Stelle die Teilnahme erwähnen, mit welcher der märkische Forstverein vor 25 Jahren meine Bestrebungen infolge meines Referates unterstützt hat. Er wählte eine „Douglaskommission", die aus den hervorragendsten Mitgliedern des Vereins bestand und unter dem Vorsitz des Grafen von Wilamowitz-Moellendorff einige Jahre erfolgreich wirkte; und ich kann wiederholt aus eigenster Erfahrung bestätigen, daß gerade diese Episode nicht ohne Eindruck auf den Fürsten geblieben ist.

Auch aus den an mich gerichteten Fragen durfte ich im Laufe der Zeit wiederholt mit Genugtuung entnehmen, wie er sich eingehend mit der Lektüre meines Berichts über den historischen Verlauf der Einführung und den Pflanzenwanderungen beschäftigt hatte.

Namentlich Wangenheims Persönlichkeit interessierte ihn sehr. „Ein seltener und merkwürdiger Offizier", sagte er einmal, „der „ohne alle forstliche Kenntnis dennoch ein solches Buch schreiben „konnte, dessen Inhalt nach einem Jahrhundert sich so bestätigt „hat." Schon am 6. März erhielt ich ein Schreiben des Fürsten, welches seine Anschauung, im Gegensatz zu den damaligen und auch noch bis auf die letzte Zeit üblichen Ansichten in höheren Regionen, in ganz klarer Weise zum Ausdruck bringt, — ein prächtiges Schriftstück[1]) für alle Freunde der Exoten, und namentlich

[1]) Bisher nicht veröffentlicht.

eine Anerkennung meiner seit vielen Jahren verfolgten Bestrebungen.

Das Schreiben lautet:

Berlin, den 6. März 1885.

„Euerer Hochwohlgeboren danke ich verbindlichst für Ihr freundliches Anerbieten den ausländischen Bestand des Sachsenwaldes zu vergrößern, Oberförster Lange wird sich wegen der Anlage der Pflanzungen mit Ihnen in Verbindung setzen, und ich hoffe, daß unter Ihrer bewährten Directive die neuen Culturen ein ebenso gutes Wachsthum haben werden, wie die bisherigen.

Ihren Entschluß von Flottbeck nach dem Grunewald überzusiedeln, begrüße ich mit Freuden, weil auch ich der Meinung bin, daß ein Einfluß auf unsere Waldwirthschaft von der Bedeutung des Ihrigen nur entsprechend nützlich wirken kann, wenn er im Centralpunkt domicilirt ist, und die Pflanzschulen dort allen Interessenten leicht zugänglich sind.

Der märkische Sand wird außerdem die Gelegenheit geben, der Welt zu zeigen, was für Resultate bei geschickter und sachverständiger Behandlung, selbst auf dürftigem Boden sich erzielen lassen.

v. Bismarck.

Seiner Hochwohlgeboren
Herrn John Booth
Klein Flottbeck."

Diese Voraussicht des Fürsten hat sich nur in geringem Maße erfüllt.

Zwar der märkische Sand zeigte sich besser als sein Ruf, denn das Wachstum der ausländischen Nadelhölzer, — namentlich der Douglasfichten, war ganz erstaunlich.

Dagegen, was den in Bismarcks Schreiben berührten „allen leicht zugänglichen Zentralpunkt" betrifft, so war, abgesehen von einigen Ausnahmen, eine allgemeine Teilnamlosigkeit zu konstatieren, welche sich bis auf die Gegenwart ausdehnte. Denn auch diejenigen, die es anging, vermieden es ängstlich, diese sich großartig entwickelnden Kulturen in Augenschein zu nehmen.

Und nur an dem prächtigen Inhalt des Bismarck-Briefes, in welchem der Fürst die Wichtigkeit meiner Bestrebungen anerkannte, an deren Förderung er einen so wesentlichen Anteil hatte, — an diesen Inhalt mußte ich mich angesichts dieses gänzlichen Fiaskos halten, um nicht an meinen Bestrebungen irre zu werden.

Und nie ist es mir klarer geworden, daß, wie schon früher erwähnt, ohne den Fürsten die ganze Sache verloren war! —

Manche der heutigen Resultate sind erst auf Stationen gewonnen, die damals noch garnicht als Versuchsstationen ausgewählt waren, und nach Ablauf der ersten Versuchsperiode wäre dieselbe ohne Bismarck sicher nicht nochmals auf 5 Jahre verlängert, sondern eingeschlummert, nachdem es der Bureaukratie gelungen wäre, die ganze Sache aus ihrer offiziellen Schablone wieder auszumerzen.

Der Chef einer nicht-preußischen Staatsforst-Verwaltung, der die feindliche Gesinnung in der preußischen kannte, schrieb mir damals: „. . . die ganze Frage wird bedauerlicherweise wie früher „verlaufen. Nach 100 Jahren werden in unseren Forsten gelungene „Fremdlingskulturen wieder förmlich entdeckt werden, und wahr„scheinlich wieder zu einem neuen Anlauf der Versuche Anlaß „geben, aber bis dahin — ein langer Schlaf!"

Wer da weiß, wie es hinter den Coulissen zugeht, und wer die in den oberen Regionen in den 90er Jahren des vorigen Jahrhunderts vorherrschenden Ansichten: prinzipielle Abneigung und Opposition kannte, warnte doch ein hochgestellter Forstmann vor der „Verseuchung" unserer einheimischen durch die ausländischen Holzarten, — selbst angesichts der alle (auch meine kühnsten) Erwartungen übertreffenden Resultate, die 1901 amtlich veröffentlicht sind, — wer dieses alles zu übersehen vermag, für den besteht absolut kein Zweifel mehr, daß **ohne Bismarck** die Naturalisationsfrage einmal wieder um ein weiteres Jahrhundert aufgeschoben worden wäre!

Trotz aller Reisen nach Amerika und trotz aller Publikationen! Kein Deutscher ist acht Jahre wie Wangenheim drüben gewesen und niemals ist seit 115 Jahren ein solches Buch wie das Wangenheimsche geschrieben, und doch hat die Opposition alles dieses überwältigt, und so wäre sie auch weiter siegreich gewesen, ohne Bismarcks Eingriff.

Seit länger als zweihundert Jahren, — seit 1683 — quält man sich mit der Einführung der Akazie, — immer wieder gelingt es einer Opposition, die Sache zu hemmen und aufzuhalten, z. B. durch solche noch vor einigen Jahren publizierte Bemerkung von forstlich-akademischer Seite: Akazie wachse nur auf kräftigem Buchenboden, — und mit so vollkommen unrichtigen Zeugnissen hätte man sich auch nicht gescheut, die Douglasfichte, die Sitkafichte u. a. zu belasten, und es ist daher mit absoluter Sicherheit anzunehmen, daß ohne Bismarck das Jahr 2000 gekommen wäre, ohne den amtlichen Nachweis der in den Staatsforsten ausgeführten, — und gelungenen — Versuche der Naturalisation der Douglasfichte und anderen Arten geliefert zu haben.

Ich war Bismarcks lebhaftester Zustimmung zu allen diese Frage fördernden Schritten gewiß. Er war von ihrer Richtigkeit und Wichtigkeit für unsere Waldverhältnisse aus innerster Überzeugung durchdrungen, wie sein schöner Brief vom 6. März 1885 es ganz unumwunden und sehr deutlich ausspricht. Er sprach gerne und oft von großen ausländischen Bäumen, die er gesehen, und wiederholt zitierte er die alten in Harbke.

Und was ihn in dieser Frage noch besonders anzog, weil es seiner Kampfnatur entsprach, das war, einer beschränkten und unverbesserlichen Bureaukratie ernstlich und, wenn er noch eine gewisse Zeit am Leben und am Ruder blieb, mit Erfolg entgegen zu treten, die, wie er wohl einmal sagte, uns seit einem Jahrhundert diese Bäume vorenthalten hätte. Sein Haß gegen eine ungelehrige Bureaukratie kam diesen Bestrebungen zu gute.

Auf die vielen Gegner wird dann in ferner Zukunft allerdings kein schönes Licht fallen, und nicht gerade rühmend wird man ihrer erwähnen; nennen wird man sie nur noch im Gegensatz zum Fürsten Bismarck, — dem Nichtforstmann —, daß sie, — die Forstleute — unbegreiflicherweise den bloßen Versuchen gegenüber so ablehnend sich verhielten und länger als ein Jahrhundert der ganzen Naturalisationsfrage die schärfste Opposition entgegenbrachten.

Wenn wir die Literatur vor 20 Jahren durchsehen, so zeigt es sich nur zu deutlich, wie die Opposition gegen die ausländischen Arten in nichts zerfallen und auf der ganzen Linie geschlagen ist. Nunmehr muß sie es sich aus forstlichem Munde sagen lassen, daß, abgesehen von den anderweitigen erfolgreichen Resultaten, — sind doch allein 19 Arten „anbauwürdig" befunden, — die Einbürgerung der Douglasfichte allein reichlich die für die gesamten Anbauversuche aufgewendeten Kosten aufwiegt[1]).

Im Gegensatz hierzu war die Ansicht interessant, wie man im Ausland die Teilnahme des Fürsten in forstlichen Kreisen beurteilte. So schrieb mir u. a. im Jahre 1887 der Graf Visart, Präsident des oberen Forstrates in Brüssel: „... Ce grand homme est admirable sous ce rapport. Sans effort et sans fatigue il embrasse tout à la fois et rien n'est trop grand ou trop petit pour lui. Même dans les forêts il restera une trace de sa force et de son génie."

Deshalb gebührt ihm unser Dank, dem wir nicht besser Ausdruck zu geben vermögen, als seine Person in unzertrennliche Verbindung zu bringen mit der offiziellen Einführung ausländischer Holzarten in den deutschen Wald, die, wenn auch seit langer Zeit unnötig verzögert, doch zweifellos ihm einst zum Segen gereichen wird. Und wenn dann die guten Resultate nach einem ferneren Jahrhundert vor aller Welt offenkundig geworden sind, wenn Douglasfichten und andere bisher gänzlich unbeachtet gebliebene wertvolle Holzarten den Wert unseres Waldes erhöhen, und die Erinnerung an all die Kämpfe des Tages mit seinen Widerwärtigkeiten längst dem Gedächtnis der Menschen entschwunden sind, dann wird sich die Spur von Bismarcks Einfluß im

---

[1]) Forstrat Witzel, Trier. S. 71. Ergebnisse von 1901.

deutschen Walde zeigen, dann sollen künftige Generationen daran gemahnt werden, was ich schon vor 20 Jahren in meiner Widmung an den Fürsten Bismarck ausgesprochen habe, daß er es war, der zu Ende des vorigen Jahrhunderts diese einheitlichen Versuche, welche dem forstmäßigen Anbau der fremden Holzarten voraufgehen mußten, unter seinen mächtigen Schutz genommen hat.

Der frühere Botschafter, R. von Keudell, der langjährige Freund des Bismarckschen Hauses, sagt in seinem neulich erschienenen schönen Buche[1]: „... Er sprach öfters von seiner großen Freude am Park und an den Forsten. Beim Vorbeireiten an einer neu angelegten Schonung sagte der Fürst: „Wenn meine „politischen Taten längst vergessen sind, so wird diese Pflanzung „beweisen, daß ich gelebt habe““.

Diese Pflanzung in Varzin hätte wohl nach vielen Jahren einem kleinen Kreise Zeugnis davon abgelegt, daß der Fürst einmal hier gelebt habe. Wir aber wollen ihn, der endlich diese seit Jahrhunderten im Kampf der Meinungen schwebende Frage zum Segen des deutschen Waldes löste, — wir wollen ihn doch auf ein etwas sichtbareres und dauernderes Denkmal, als das der Schonung von Varzin erheben.

Bismarcks politische Taten werden nicht vergessen werden. Dem Gedächtnis unserer Nachkommen aber wird die Erinnerung an seine langjährige Tätigkeit in forstlicher Richtung entschwunden sein.

Und deshalb wollen wir durch die Darstellung seiner persönlichen Wirksamkeit bei der Einbürgerung ausländischer Holzarten in den deutschen Wald die Erinnerung auch an diese Seite seiner großen Persönlichkeit lebendig erhalten!

---

[1]) Fürst und Fürstin Bismarck. S. 480.

Friedrich Adam Julius
von Wangenheim
auf Winterstein etc.
Wagener del.
Halle sculpsit Berol.

Friedrich Adam Julius v. Wangenheim und die Naturalisation.

(1749—1799.)

Wir haben in der Einleitung gesehen, daß die Pflanzenwanderungen seit undenklichen Zeiten sich vollzogen haben, unterstützt durch regen Handels- und Tauschverkehr der Völker, ohne daß solcher Einwanderung irgend eine „naturwissenschaftliche" Bildung zu Grunde gelegen hätte. Unbewußt tat man das, was wir „naturalisieren" nennen.

Der Vorgang war einfach der: Man brachte aus fremden Ländern die Pflanzen in die Heimat mit, die einem dort aufgefallen waren, in der Hoffnung, daß sie auch in der neuen Heimat sich ähnlich, wie in der alten, weiter entwickeln würden. Ganz wie es auch noch heute geschieht.

Aufgeklärte Leute, die ihrem Zeitalter vorauf waren, hat es von jeher und überall gegeben, ohne daß sie eine Spur von „naturwissenschaftlicher" Bildung besessen hätten, — und wenn wir auch solchen Männern, die sich speziell mit der Naturalisation beschäftigten, einen größeren Grad von Intelligenz zuschreiben müssen, als den meisten ihrer Zeitgenossen, so muß andererseits doch gleichzeitig betont werden, daß auch jene eine „naturwissenschaftliche" Bildung nicht besessen haben.

Daß man, um zu naturalisieren, vor allem die Gabe der scharfen Beobachtung, einen klaren Kopf und ein bischen vernünftiges Denken haben müsse, — daß man aber von vornherein nur wenige hierauf bezügliche „naturwissenschaftliche" Kenntnisse zu besitzen brauche, das beweist Wangenheims 1787 erschienenes Buch über die Anpflanzung nordamerikanischer Holzarten mit Anwendung auf teutsche Forste betreffend[1]).

Er war ein sehr kluger Mann, der zufällig Offizier war, dessen scharfer Verstand sich auch in irgend einem anderen Berufe in besonderer Weise geltend gemacht hätte.

Er kommt in ein für Deutsche in Bezug auf die Vegetation ganz unbekanntes Land. „Es gehört", sagt er, „aber zu meinem „Endzweck bloß zu erweisen, daß das Klima desjenigen Teils von „Nord-Amerika, der zwischen dem 39. und 45. Grad nördlicher „Breite liegt, die größte Ähnlichkeit mit demjenigen meines Vater„landes habe." Er bleibt acht Jahre dort und lernt eine ganze Zahl hervorragender Laubholzbäume kennen, und die denen seiner Heimat analogen klimatischen Verhältnisse erwecken in ihm die Idee, diese Bäume in Deutschland bekannt zu machen, um sie, wenn sie sich bewähren, im großen in Deutschlands Forsten einzuführen.

Wangenheims Buch ist weder veraltet noch von der Menge der bis heute erschienenen, die Frage der Anpflanzung nordamerikanischer Holzarten in Deutschland behandelnden Schriften überholt, im Gegenteil, die Bedeutung desselben tritt jetzt erst recht hervor, da Wangenheims vielseitige feine Beobachtungen und langjährige, an Ort und Stelle gemachte eigene Erfahrungen inzwischen in allen wesentlichen Punkten sich als durchaus richtig bewährt haben.

„Forsttechnisch ohne alle Kenntnis", sagt Bernhardt von ihm, und wir dürfen, ohne Widerspruch zu erfahren, hinzufügen, ohne alle „naturwissenschaftliche Bildung", namentlich im heutigen Sinne.

Wie hübsch sind seine Betrachtungen, wie bescheiden klingen seine allgemeinen Angaben und Andeutungen über die in Betracht kommenden Fragen, über klimatische und Standortsverhältnisse.

---

[1]) Professor Heß sagt in seinen „Lebensbildern" S. 396: „Eine in Bezug auf Anordnung, Zusammenstellung und Bearbeitung des Stoffes klare, zuverlässige und übersichtliche, überhaupt mustergültige Schrift".

Zum ersten Mal finde ich in der Literatur jener Zeit das von Wangenheim gebrauchte Wort „naturalisieren“. Durch die Anwendung desselben bezeichnet er den Standpunkt, den er in der Frage der Einbürgerung fremder Holzarten von einem Land in ein anderes einnimmt.

Das Wort „Naturalisation“ bedeutet etwas durchaus Natürliches: eine Pflanze in ein anderes Land bringen, welches im großen ganzen dieselben klimatischen Verhältnisse, wie die eigene Heimat, besitzt.

Fälschlich und ganz mit Unrecht wird immer noch vielfach, und auch von Gelehrten, für diese „Naturalisation“ das im vorigen Jahrhundert zuerst aufgekommene Wort „Akklimatisation“ gebraucht. Dieses Wort bezeichnet einen ganz anderen Vorgang. Hier sind die klimatischen Verhältnisse andere als diejenigen der neuen Heimat, und es soll nun bei der Pflanze, die akklimatisiert werden soll, versucht werden, ob bis zu einem gewissen Grade ihre Individualität sich verändere, so daß sie sich infolgedessen, namentlich in klimatischer Beziehung, — oft erst im Laufe langer Jahre — besser für die neue Heimat qualifiziere. Die Naturalisation ist etwas Natürliches, — die Akklimatisation etwas gegen die Natur Gehendes.

Von solcher künstlichen Geschichte konnte nun überhaupt bei Wangenheim keine Rede sein, denn diese Anschauungen lagen dem 18. Jahrhundert noch ganz fern.

Er, der Mann ohne alle „forsttechnischen“ und „naturwissenschaftlichen“ Kenntnisse, schreibt „Beytrag zur deutschen holzgerechten Forstwissenschaft ꝛc.“.

Könnten wir etwas Besseres zu dem Lobe des Inhaltes dieses vor 115 Jahren erschienenen Buches sagen, als daß es die Probe auf das Exempel seit langer Zeit, seit 1787, glänzend bestanden hat? In allen mitteleuropäischen Ländern sind die von Wangenheim beschriebenen Bäume angepflanzt, — und allenthalben haben sie sich zu mächtigen Exemplaren entwickelt.

Die jetzt erschienenen „amtlichen Ergebnisse“ bestätigen mehr oder weniger das, was Wangenheim im 18. Jahrhundert gesagt hat. Wir wünschten das Buch im Besitze jedes Forstmanns und jedes Gärtners, der sich mit der Anzucht der fremden Holzarten beschäftigt.

Während seines achtjährigen Aufenthaltes in Nordamerika ist Wangenheim in diesem Lande zwischen 39. und 45. Grad nördlicher Breite vielfach umhergekommen; er hat persönlich an seinem Körper die große Übereinstimmung in klimatischer Beziehung zwischen Deutschland und jenem Teile Amerikas erfahren, und er kommt nach vieljähriger an Ort und Stelle gemachter Erfahrung dazu, diese Bäume zum Anbau in Deutschland zu empfehlen, und — wie wir heute hinzufügen dürfen — er hat in allen Dingen recht gehabt. Schon vor 25 Jahren habe ich ihn wieder ans Licht gebracht, habe auf ihn hingewiesen, — alles umsonst. Er, der klassische Schriftsteller in dieser Frage, wird meistens ignoriert; man vermeidet es, in der forstlichen Literatur ihn zu zitieren, und wo es doch mal geschieht, möglichst kurz; ihn, der schon vor mehr als hundert Jahren an der Quelle in dieser Frage mehr gelernt hatte und über diese Bäume mehr wußte, als manche forstliche Schriftgelehrte der Gegenwart.

Über Wangenheims richtige Angaben und seine Ansichten, über die Leistungen der nordostamerikanischen Bäume in Deutschland, — kurz, über die durchaus erfolgreich durchgeführte Naturalisation dieser Arten kann überhaupt keine Meinungsverschiedenheit mehr bestehen. Wir gebrauchen auch deshalb keine Ratschläge mehr von „naturwissenschaftlich“ gebildeten Leuten, welche jetzt so tun, als ob wir hinsichtlich der Naturalisation noch gänzlich im Dunkeln wären.

Es kann daher nun und nimmermehr geduldet werden, daß die Kultur der vor Jahrhunderten eingeführten und bereits vollständig naturalisierten Exoten jetzt noch nachträglich zur ausschließlichen Domäne der Fachgelehrsamkeit gemacht werde. Wie in der Vergangenheit wird auch auf diesem Felde ein verständnisvoller Dilettantismus sein Recht behalten. Bescheidenheit, Einfachheit und gesunder Menschenverstand werden bewahren vor Besserwisserei des Fachgelehrten, welche manchesmal mehr Beachtung findet, als ihr zukommt, und mehr Gehör, als wenn ein Praktiker seine Stimme erhebt.

So sind auch bei uns manche zwar nicht forstliche, aber dendrologisch wichtige Anlagen hervorgegangen, denen professionelle Schulung fern lag. Und ich will nur auf eine solche, die auch durch ihre Lage unser besonderes Interesse beansprucht, hinweisen.

Ich nenne die reichhaltigen Pflanzungen meines alten Freundes, des Dr. Carl Bolle, der, obgleich ein Achtzigjähriger, mit jugendlichem Eifer sich noch heute mit seinen Pflanzungen beschäftigt.

Ich nenne diese deshalb, weil der Besitzer, ein Gelehrter im besten Sinne des Wortes, seit einem halben Jahrhundert mehr gepflanzt, beobachtet und studiert, — kurz mit Erfolg naturalisiert hat, als mancher andere, der heute laut seine Stimme erschallen läßt, um Unrichtiges zu verkünden. Aber auch noch aus einem anderen Grunde nenne ich Scharfenberg, liegt es doch in nächster Nähe jener früheren Versuchsstation, — der alten berühmten Tegeler Baumschule aus Friedericianischer Epoche, — in der einst Burgsdorf seine vorbildliche Tätigkeit entfaltete, in Bezug auf Einführung fremder Holzarten, — und wo auch Wangenheim, wie aus seinen Schriften hervorgeht, bei dem ihm befreundeten Burgsdorf geweilt hat. Dr. Bolle war vor wenigen Jahrzehnten noch Augenzeuge der aus jener Epoche stammenden großen Bäume in Tegel. Zur Rechtfertigung meiner früher so oft erhobenen Vorwürfe gegen diejenigen unter deren Obhut sie standen, genüge der Hinweis, wie gering doch das Interesse an ihnen gewesen sein muß, daß in dieser, etwa nicht in Masuren, sondern in einer vor den Thoren Berlins gelegenen Oberförsterei, diese bis dahin kraftvoll vegetierenden Bäume jetzt meistens verschwunden sind. Kurz vor Anfang der auf Bismarcks Initiative begonnenen Anbauversuche waren noch zahlreiche Bäume aus der friedericianischen Epoche vorhanden. Der damalige, jetzt verstorbene, Vorstand der Oberförsterei hatte dem Dr. Bolle Schonung für diese Bäume versprochen. Aber sie verschwanden dennoch! Es läßt dieser Vorgang tief blicken! Was mein oben genannter Freund neuerdings noch mir und anderen an dieser klassischen Stelle von Zeugen einstiger Herrlichkeit zu zeigen im Stande gewesen ist, waren, wie er sagt, „spärliche Überreste aus halbvergessener Zeit, welche immer„hin noch imponierend in einsamer Größe die Verständnißlosigkeit „einer Epigonenzeit zu beklagen scheinen". Hat Scharfenberg auch keine ausgedehnten forstlichen Kulturen aufzuweisen, so kann man sich hier doch an sehr wohlgelungenen Naturalisationen, auf keineswegs bevorzugtem Boden, erfreuen. Besonders finden sich hier Douglasfichten und Prunus serotina in schönster Entwickelung, diese beiden haben es in wenigen Jahrzehnten zu einer staunenswerten Stammentwickelung gebracht.

Auch diese Anlagen sind, — es sei dieses nochmals betont —, aus der Anspruchslosigkeit eines „Ungeschulten" hervorgegangen, der sich nur bemühte, für jeden Baum einen möglichst naturgemäßen Platz zu wählen.

Wörtlich schreibt mir Dr. Bolle: „Wenn Sie meine beschei„denen Pflanzungen erwähnen, so sagen Sie, daß ich, wenn auch „nicht ohne botanische, so doch ganz ohne technisch forstliche Kennt„nisse, als ganz unholzgerechter Mensch gearbeitet habe. Statt „eines Optimum also ein Pessimum! Und dennoch so schöne „Bäume! Also: Liebe zur Sache und ein Teil guten Menschen„verstandes. Mehr ist nicht nötig, und vielmehr hatte Wangen„heim auch nicht"!

Die Wissenschaft hat also nachweislich nur wenig, weder mit den Pflanzenwanderungen, von denen wir verhältnismäßig nicht viel wissen, noch im speziellen mit der seit ungefähr 250 Jahren in historischer Zeit sich vollzogen habenden Einführung zu tun.

Häufiger schon sind die Beispiele, daß Einzelne oder gelehrte und Gartenbaugesellschaften Reisende hinausschickten, um wertvolle Pflanzen zu sammeln, also die Anregung gaben; wie im ersten Viertel des vorigen Jahrhunderts die Königliche Gartenbaugesellschaft in London Douglas als botanischen Reisenden nach Britisch-Columbien aussandte.

Die botanische Wissenschaft war wohl die Veranlassung, daß die kostbaren Pflanzen dieser Expedition zu unserer Kenntnis gelangten. Für die Naturalisation derselben, die ohne naturwissenschaftliche Kenntnis sich vollzog, hat sie aber nichts getan.

Phot. Bartels, Berlin.

Douglasfichte in Scharfenberg bei Tegel.

Gepflanzt 1869 — ca. 20 m hoch.

Douglasfichte in Scharfenberg bei Tegel.

Gepflanzt 1869 — 20 m hoch — 1,65 cm Umfang auf Brusthöhe — seit 15 Jahren samentragend — viel Anflug, welcher jetzt 6 m hoch ist.

Im Gegensatz zu den Ausführungen einiger Gelehrten, welche den Schwerpunkt einer erfolgreichen Naturalisation auf Zonen u. s. w. legen, erscheint uns Wangenheims breite Basis „zwischen dem 39. und 45. Grad" richtiger zu sein, besonders da sie so trefflich sich bewährt hat. Was soll man zu einer Theorie sagen, nach welcher die in verschiedenen Gegenden Nordamerikas gesammelten Samen sich nur für ganz bestimmte Gegenden Deutschlands eignen; und nach welcher z. B. „Same von dem Westabhange der Cascade „Ranges auf „humose" Strecken des Lechfeldes (sic!), und Same „vom Fraser Gebirge nach dem Harz gehöre."

Wenn man nun noch selbst dort gewesen wäre und auch gleichzeitig das Lechfeld kennte, so könnte man die etwa beobachtete Analogie des Klimas mit einer gewissen Berechtigung zur Aufstellung solcher Theorie gelten lassen. Aber auch in diesem Falle würden wir für eine derartig genaue Zonengeschichte eigentlich kein Verständnis haben. Gewiß sind auch wir von der Wichtigkeit der „Provenienz" des Samens überzeugt, worauf wir nachher noch zurückkommen, — aber nur in dem Sinne, wie Wangenheim sie behandelt, hat sie einen Wert.

Ein an der pazifischen Küste gereiftes Saatgut erweist sich meist als ganz ungeeignet zur Aussaat im Osten Amerikas, — aber was für einen Wert hat die Direktive, Samen von den Cascade Ranges für humose Strecken des Lechfeldes zu bestimmen?

Diese Art Naturalisation unter Befolgung solchen Rezeptes würde in Deutschland eine große Fehlkultur mit nordamerikanischen Holzarten zuwege bringen, denn — trotz aller aprioristisch-wissenschaftlichen Theorie kann einzig und allein die Praxis entscheiden, ob eine Art an einem bestimmten Orte wächst oder nicht. Ich mache das an einigen Beispielen klar.

Wäre wohl jemals nach Ostfriesland, der Nordsee ganz nahe, zu Anfang des vorigen Jahrhunderts, die vom Freiherrn von Knyphausen (Großvater des jetzigen Fürsten) dorthin verpflanzte Edeltanne aus dem Schwarzwalde gekommen, wenn dieser kluge und zu Versuchen geneigte Freiherr nicht eben es „versucht" hätte? Und wie erfolgreich ist dieser Versuch gewesen! Dieser Bestand, den ich aus eigener Anschauung kenne, ist jetzt ungefähr ein Jahrhundert alt. Der Fürst schreibt darüber: „Daß mein Großvater „die Edeltanne hier eingeführt hat, danke ich ihm noch täglich, „denn meine Exemplare übertreffen an Stärke alle mir bekannten „Bäume bei großer Höhe und vollkommener Gesundheit.“[1]) Die Wissenschaft wäre doch niemals, wenn man heutzutage all das über die von ihr festgestellten „Zonen“ liest, auf solches a priori unmöglich scheinende Experiment verfallen. Man sieht, die Bäume lassen sich durch diese künstlichen Grenzen nicht abschrecken.

Schon vor Jahren habe ich darauf aufmerksam gemacht, daß das Verbreitungsgebiet der Cupressus Lawsoniana auf der Karte in dem offiziellen Atlas zum 10. Zensus in den Vereinigten Staaten, 1880, als ein sehr kleiner, kaum mit dem bloßen Auge wahrnehmbarer roter Punkt angegeben war.

Bei uns sehr verbreitet, hat dieser Baum an vielen Stellen ohne Schaden die größte Kälte ertragen. Alle Berichte amerikanischer Sachverständiger stimmen darin überein, daß dieser schöne Baum nur in feuchter, warmer Gegend seiner Heimat vorkomme — und bei uns? Unberührt, im trockenen Kontinentalklima wochenlang bis zu 30° Kälte, ohne Schaden zu nehmen, aushaltend! Welcher Gegensatz!

Vor länger als 25 Jahren habe ich mit dem alten Praktiker Forstrat Bierdimpfel, der damals in Freising insgeheim die ersten Versuche mit ausländischen Holzarten anstellte, schon über die Provenienz des Samens dieses Baumes verhandelt. Die aus amerikanischem Samen erhaltenen Pflanzen waren ganz winterhart, und ich sehe zu meiner Freude, daß das Forstamt Freising noch bis in die Neuzeit Samen abgibt, von den vollständig winterharten Mutterstämmen aus amerikanischem Originalsamen erzogen. Diesen hatte ich aus guter Quelle von der Westküste Nordamerikas dem alten Forstrat vor vielen Jahren verschafft. Vorläufig aber fehlt uns jede Erklärung

---

[1]) Ähnliche Bäume wie der abgebildete finden sich hier noch verschiedene, so einer mit 4,15 m Umfang auf Brusthöhe!

Phot. Paulsen, Norden.

Abies pectinata (Weisstanne).

Im Jahre 1776 von dem Freiherrn zu Inn- und Knyphausen zuerst ausgesät in Lützburg (Ostfriesland).
34 m hoch — 1,77 m Durchmesser auf Brusthöhe — 8,7 cbm Holzmasse.

für das Fortkommen dieses Baumes und für sein Anpassungsvermögen an Verhältnisse, die vollständig mit denen seiner Heimat divergieren.

Pseudotsuga Douglasii und Pinus ponderosa bieten uns ein anderes Beispiel, das der Aufklärung bedarf. Beide wachsen in Nordamerika zusammen, — man sollte nun meinen, daß sie auch hier unter gleichen Verhältnissen gleichmäßig sich entwickeln würden. Das gerade Gegenteil ist der Fall. So erfolgreich der Anbau der ersteren sich erwiesen hat, so hat die Kultur der Pinus ponderosa allenthalben Mißerfolge zu verzeichnen gehabt. Vor 30 Jahren habe ich sie auf den verschiedensten Böden zusammengepflanzt, immer mit dem gleichen Mißerfolg von Pinus ponderosa. Als nicht anbaufähig und ganz aussichtslos hat sie aus der Reihe der Versuchspflanzen gestrichen werden müssen.

Diese wenigen Beispiele werden genügen, um zu zeigen, wie die Wissenschaft mit ihren Zonentheorieen uns im Stich läßt, denn nach allen Regeln derselben hätte man in diesen Fällen zu ganz anderen Schlüssen kommen müssen. Meistens verhalten sich diese im Widerspruch zur Wissenschaft.

Bei diesen Beispielen werden wir aufs lebhafteste an die wissenschaftliche Kontroverse erinnert, welche sich vor 12 Jahren in England erhob, als der Gelehrte Dr. Dyer, Direktor des größten und bedeutendsten botanischen Gartens der Welt zu Kew, in einer Fachzeitschrift einige Artikel unter dem Titel „Eines Gärtners Problem" veröffentlichte.

Der wesentliche Inhalt dieser sehr interessanten Ansichten beschränkt sich darauf, nachzuweisen, „daß die botanische Wissenschaft uns nur wenig a priori Informationen hinsichtlich der Kulturbedingungen geben kann . . . was eine Pflanze verträgt . . . was sie verlangt . . . Ein Irrtum, dem man heute am meisten begegnet, ist der Glaube, daß wissenschaftliche Kenntnisse als solche ein Allheilmittel seien. Ihr Wert liegt nur in der Gewohnheit der Beobachtung, welche durch sie angeregt ist, und der Übung des Nachdenkens über das Resultat unserer Beobachtungen . . . Kultur und Natur haben es mit Problemen zu tun, welche kaum etwas gemeinsam haben ... Die Bedingungen, unter denen Pflanzen in der Natur existieren, gewähren nur sehr geringe Informationen für Kulturzwecke ... Man soll sich nicht von botanischen Vorurteilen abschrecken lassen ... Jemand hatte mit einer Pflanze Versuche gemacht und sagt, alle Beobachter hätten einen sehr wichtigen Punkt nicht bemerkt, alle Bücher enthielten über diese Pflanze Falsches, — ich kultivierte mit großem Erfolg und fand auf empirischem Wege, was die Wissenschaft nicht erkannt hatte ... Von einem anderen heißt es ähnlich: Die Kenntnisse, die er sich aus Büchern von Reisenden angeeignet hatte, waren nur beschränkte, es waren eine Menge Dinge mit dieser Pflanze verknüpft, worüber weder Bücher noch Reisende etwas sagen konnten, und nur durch seine empirischen Versuche lernte er das Richtige ... Auch die Angabe irgend einer Periode, Epoche oder Zeit gewährt im günstigsten Falle einen sehr unsicheren Führer für gärtnerische Praxis ... u. s. w. u. s. w."

Auf diese Ansichten warfen die Gegner ein: das sei im allgemeinen zu absolut hingestellt.

Nun wollte Dr. Dyer doch selbstredend weder dem nackten Empirismus huldigen, noch die botanische Wissenschaft herabsetzen. Daß diese unsere Kenntnis bereichert und im allgemeinen die Grundzüge für den erfolgreichen Gartenbau angibt, nicht das war es, wogegen Dr. Dyer schrieb. Er wollte nur auf die unzähligen Beispiele hinweisen, wo wir alle Bedingungen des Vorkommens einer Art in bezug auf Klima, Boden, Situation u. s. w. zu kennen glauben und trotz aller wissenschaftlichen Kenntnis die Pflanze nicht kultivieren können.

Er geht sogar noch weiter und beweist den Empirismus bei unseren einheimischen Pflanzen.

Wenn auch in geringerem Grade, ist doch jede neue forstliche Pflanzung empirisch, denn wenn wir auch alles zu wissen glauben, hinsichtlich Boden, Lage, Wasser, Höhe u. s. w., gelingt jene doch oft genug nicht: unsere mangelhafte Kenntnis ist doch im wesentlichen der Grund unserer vielfachen Fehlkulturen. Warum gedeiht in Gadow beim Grafen Wilamowitz die Akazie nicht, während sie doch in der Mark Brandenburg scheinbar allenthalben mehr oder weniger dieselben Bedingungen findet? Und warum, um einen bekannten Ort zu nennen, wächst die Douglasfichte nicht in Kew, während ich sie bei dem früheren Direktor dieses botanischen Gartens Sir Joseph Hooker, nur wenige Meilen von Kew entfernt, im schönsten Wachstum gesehen habe?

Der auf sehr breiter Basis ausgeführten Naturalisation eines Wangenheim, dem nur in großen Zügen die im allgemeinen gleichen klimatischen und Bodenverhältnisse zwischen dem 39. und 45. Breitengrade in Nordamerika und denen in Deutschland sich aufdrängen und ihn zum Anbau dieser Bäume veranlassen, der garnicht von einer Wissenschaft redet, der gar keine Kenntnisse und besondere Vorbildung verlangt, nun dieser Art zu naturalisieren kann man sich vollkommen anschließen und vertrauen, namentlich wenn dieses Prinzip sich nach einem vollen Jahrhundert bewährt und der Träger desselben mit allen seinen Anschauungen Recht behalten hat.

Dr. Dyers Ausspruch: „die botanische Wissenschaft gibt uns a priori wenig Information“ könnte durch eine große Zahl eigener Erfahrungen bestätigt werden.

Was Wangenheim aber vor allem auszeichnete, und was ich ebenfalls schon vor vielen Jahren gebührend hervorgehoben habe, was seine scharfe Beobachtungsgabe, kurz seine ganzen Fähigkeiten ins hellste Licht setzt, trotz seiner „forsttechnischen und wissenschaftlichen Unkenntnis“, das ist seine Bemerkung über die „Provenienz“ des Samens.

Eine solche tiefsinnige Bemerkung über eine vor 115 Jahren gemachte Beobachtung will etwas bedeuten und mag ein Maßstab für den übrigen Wert des Buches sein. Ein Jahrhundert war er seiner Zeit voraus.

Unwissend war man damals in bezug auf die Qualität des Samens, man beachtete dieselbe nicht, und erst viele Jahre mußten vorüber gehen, ehe die Aufmerksamkeit auf die Verbesserung der Getreidearten durch sorgfältige Behandlung des Samens gelenkt wurde. Und schon 1787 spricht Wangenheim von der verschiedenen Qualität des Saatguts! Ob nicht, fragt er, ein großer Unterschied zwischen Samen, gesammelt von verschiedenen Individuen, die auf verschiedenen Standorten erwachsen, bestände?

Wer fast 50 Jahre mit den Versuchen guter und schlechter Samen, mit solchen von ein und derselben Art, in den verschiedensten Gegenden erwachsen, sich beschäftigt hat, und wer das verschiedenartige Verhalten solcher aus verschiedenen Qualitäten erwachsenen Pflanzen unter sonst gleichen Witterungsverhältnissen häufig beobachtet hat, dem müssen die Einwendungen gegen die Provenienz der Baumsämereien — wie sie von verschiedenen Seiten erhoben werden — unerklärlich erscheinen.

Warum sollte ein in der Natur sich so allgemein bestätigendes Gesetz, betreffend die Eigenschaften des Samens, bei den Samen der Waldbäume keine Anwendung finden?

Da das Wangenheimsche Buch nur wenigen bekannt sein dürfte, so verweise ich die dafür sich Interessierenden auf mein im Jahre 1882 bei Julius Springer, Berlin, erschienenes Buch, wo man auf Seite 5 bis 18 manches aus Wangenheims „Einleitung“ finden wird.

David Douglas.

(1799—1834.)

Über diesen erfolgreichsten botanischen Sammler, den es je gegeben hat, nicht nur in bezug auf die außerordentlich große Anzahl neuer Gattungen und Arten, sondern namentlich auch hinsichtlich des hohen Wertes derselben, — über diesen ist bei uns in Deutschland wenig oder garnichts bekannt, — so wenig, daß ein deutscher forstlicher Gelehrter vor einigen Jahren, ohne berichtigt zu werden, ihn einen „Abenteurer" nennen konnte.

Sein Gedächtnis lebt aber fort und bei gelegentlicher Erwähnung einer von ihm eingeführten wertvollen Pflanze wird immer dann und wann einmal seine Biographie in England wieder vorgeführt, — jetzt, nachdem er fast 70 Jahre tot ist. Ich denke,

3*

auch den deutschen Leser werden einige kurze Mitteilungen interessieren.

David Douglas wurde im Jahre 1799 zu Scone bei Perth in Schottland geboren. Von frühester Jugend hatte er eine große Liebe zur Natur, einen Drang zu Reisen, war sehr aufgeweckten Geistes, verbunden mit großer körperlicher Ausdauer, — kurz alles vereinigte sich in ihm, um den Strapazen und Gefahren erfolgreich widerstehen zu können, die eines Reisenden in einem bisher unerforschten Lande harren. In den Gärten des Earl of Mansfield zu Scone Palace, die in seinem Geburtsorte[1]) lagen, und in denen sich große Pflanzensammlungen befanden, erwarb er sich seine ersten botanischen Kenntnisse, ging dann in den botanischen Garten zu Glasgow, der damals unter der Leitung des berühmten Sir W. J. Hooker stand.

Dieser schulte ihn dann und bereitete ihn vor für den von ihm erwählten Beruf eines botanischen Reisenden, und so ausgerüstet trat er im Jahre 1824 im Auftrag der Royal Horticultural Society die erste Reise „zu dem nordwestlichen Teile des Kontinents von Nordamerika", — wie es in seinem Tagebuche heißt, — an.

Eine Reise damals war etwas anderes als heutzutage. Die Brigg segelte am 24. Juli 1824 ab, nahm ihren Weg ums Kap Horn und kam nach 8 Monaten, am 7. März 1825, am Columbia-Fluß an. Über die Rückkehr, die für Douglas mit weit größeren Strapazen verknüpft war, sei hier gleich erwähnt, daß er am 20. März 1827 Fort Vancouver verließ und im September 1827, nachdem er 6 Monate gebrauchte, um ganz Nordamerika zu durchqueren, an der Hudsons Bay ankam, wo er sich dann am 15. September einschiffte und nach einem Monat in Portsmouth landete.

Diese erste Reise war von ganz außerordentlichen Resultaten begleitet. Kein botanischer Reisender hat jemals eine solche Menge Neuheiten in so kurzer Zeit — mehr als 200 Arten — gesammelt.

---

[1]) Hier ist ihm auch von seinen Mitbürgern ein Monument gesetzt worden.

Darunter befinden sich nicht nur eine große Anzahl der schönsten Sträucher, die heute noch der Schmuck unserer Gärten sind, sondern in erster Linie kommen die mächtigen Nadelhölzer in Betracht, welche er zum ersten Male nach Europa bringt, darunter sind besonders als für unser Land sich eignend zu nennen die Sitkafichte — zuerst Abies Menziesii genannt — jetzt Picea Sitchensis und die Douglasfichte, und hätte er uns nur diese gebracht, die größte Erwerbung, die jemals für unseren Wald vom Auslande zu uns gekommen ist[1]). Etwa zwei Jahre blieb er in der Heimat, — aufs vollständigste ausgerüstet mit Instrumenten aller Art, Büchern u. s. w. ging er 1830 zum zweiten Male nach der Nordwestküste und Kalifornien.

Im November 1833 geht er vom Columbia-Fluß nach Hawai (Sandwich-Inseln), kommt dort im Januar 1834 an und endet elend, indem er in eine für den Stierfang gegrabene Grube, in der sich bereits ein Tier gefangen hatte, hineinfällt und von diesem getötet wird; beim Absuchen dieser Grube am nächsten Tage findet man seinen schrecklich verstümmelten Leichnam am 12. Juli 1834.

Obgleich er wiederholt die Sammlungen vieler Monate durch Schiffbrüche in seinem Kanoe auf dem Fraser-Flusse u. s. w. eingebüßt hatte, und wir ihm noch weit, weit mehr verdanken würden, wenn nicht auf diese Weise sehr viel verloren gegangen wäre, so bleibt doch noch soviel, daß Professor Sargent in Amerika in seinem großen Werke „Silva“ mit Recht von Douglas sagen kann: „Kein „anderer Sammler hat jemals so viele neue Arten in Amerika ent„deckt, und niemals ist eines Sammlers Name mit so vielen nüt„lichen Pflanzen verknüpft worden“.

Seine wertvollen Tagebücher wurden in einem Supplementband des Botanical Magazine (380 S.) von W. J. Hooker, London 1836, herausgegeben.

---

[1]) Über die erste Erwähnung der damals zuerst mit Pinus taxifolia bezeichneten jetzigen „Pseudotsuga Douglasii“, überhaupt über einige Daten der ersten Reise Douglas', siehe näheres in dem Artikel: Das Holz der Douglasfichte.

Drei historische Douglasfichten in Deutschland und anderes Interessante über diesen Baum.

(1902.)

Für die Beibehaltung des Namens „Douglasfichte“ sei hier folgende Bemerkung gestattet. Diesem herrlichen Baum, wissenschaftlich mit dem unschönen botanischen Namen einer falschen Tsuga belastet, ferner von anderer Seite ganz unkenntlich gemacht durch weiteres Umtaufen (Pseudotsuga taxifolia!), — diesem Baum wollen wir für den Gebrauch im täglichen Leben den Namen zu konservieren suchen, den er seit 75 Jahren geführt, und unter dem er sich tausende von Freunden erworben hat.

Selbst nach den Gesetzen der Priorität, von denen jetzt in der Botanik soviel die Rede ist, und die leider in sehr zahlreichen Fällen eine große Verwirrung hervorgerufen haben, muß gesagt werden, daß der Name „Douglasfichte“ weitaus die Priorität vor den anderen unwissenschaftlichen Namen „Douglasia“ und „Douglastanne“ voraus hat.

Alle diese unwissenschaftlichen Namen sind gleich unrichtig, denn Pseudotsuga Douglasii ist weder eine Tanne noch eine Fichte. Und es liegt gar kein Grund vor, ihr von einer Seite seit wenigen Jahren den ganz willkürlichen Namen einer Tanne beigelegt, und den seit einer langen Zeit, — seit 1828, — gebräuchlichen und völlig eingebürgerten, den der „Douglasfichte“, genommen zu haben. Douglasia könnten wir allenfalls noch gelten lassen. Der Name wird aber ganz willkürlich gebraucht; so findet sich im 2. Heft des forstwissenschaftlichen Zentralblattes 1902, S. 76/77, abwechselnd Douglasia und Douglastanne und im 7. Heft, S. 365, Douglastanne und S. 366 Douglasia, und einige Zeilen weiter wieder Douglastanne. Dr. Cieslar in seinen „Anbauversuchen für Österreich", S. 18, vermeidet den Namen Douglasia und sagt nur Douglastanne. Der Name hat etwas Fremdes und Gesuchtes und wird sich wohl nicht einbürgern.

Außer der Priorität für die in Betracht kommenden allerdings unwissenschaftlichen Namen, — der nun einmal feststehenden wissenschaftlichen Bezeichnung gegenüber, — spricht auch noch ganz wesentlich der Umstand mit, daß die Douglasfichte den ausgesprochenen Habitus einer Fichte, und nicht den der Tanne besitzt, in allen Altersklassen, namentlich aber bei Bäumen in höherem Alter.

In England kennt man sie im täglichen Leben nur unter dem Namen „Douglas Fir"; in Belgien nennt man sie viel „Le Douglas", und in den zahlreichen Schriftstücken, die ich seit Jahren in bezug auf diesen Baum aus Deutschland empfange, wird fast durchweg „Douglasfichte" geschrieben.

Bei vielen naturalisierten Pflanzen ist es schwierig, den Spuren ihrer Herkunft genau zu folgen, besonders da bei manchen sich an ihre Lebensgeschichte mehr oder weniger unkontrollierbare Dinge knüpfen. Diese Legenden lassen sich in den wenigsten Fällen richtig stellen, besonders aber da nicht, wo es sich um Bäume handelt, weil der Zeitpunkt von der ersten Einführung bis zur vollständigen Naturalisation wenigstens 50 Jahre zurück liegen wird.

Ist es nun schon an sich ein sehr interessantes Studium, solche Untersuchungen anzustellen, um wie viel mehr, wenn eine solche Naturalisation bis über 70 Jahre zurück, historisch nachweisbar, mit vollgültigen Beweisen bis ins kleinste hinab, belegt werden kann.

Noch mehr aber steigert sich unser Interesse für solche Untersuchung, wenn es sich um einen Baum handelt, welcher, wie die Douglasfichte, voraussichtlich dermaleinst in deutschen Forsten einen großen Platz einzunehmen berufen sein wird, und dem wir seit 1829 — also seit 73 Jahren — folgen können. Gleichzeitig aber, — und

Der Flottbeker Baum.

Phot. Hermann Sonntag, Wolgast.

Der Jägerhofer Baum.

Die ältesten Douglasfichten in Deutschland.

Phot. Mohaupt, Oldenburg.

Der Oldenburger Baum.

das ist das wichtigste —, können wir den Beweis über die gute Qualität und die von anderer Seite bestrittene Brauchbarkeit des hier erwachsenen Holzes liefern.

Über die Widerlegung der auf diese letzteren Eigenschaften bezüglichen wichtigen Einwürfe, welche vor Jahren von der Opposition erhoben wurden, verweise ich auf die Abhandlung in diesem Buche[1]).

Diese drei ältesten Bäume, deren Geschichte hier jetzt in kurzem erzählt werden soll, die von den Samensendungen stammen, welche aus Britisch-Columbien zuerst nach Europa kamen, sind der Flottbeker, — der Jägerhofer — und der Oldenburger Baum.

Der Flottbeker Baum.

Auf der Versammlung deutscher Land- und Forstwirte zu Doberan im September 1841 — also vor 61 Jahren — zeigte mein Vater der Versammlung die Douglasfichte (damals Abies Douglasii Lindl.[2])

Es war das erste Mal, dass der Name dieses Baumes in Deutschland öffentlich genannt wurde! —

Schon damals lenkte die außerordentliche Entwicklung desselben die Aufmerksamkeit auf sich. Mein Vater berichtete der Versammlung, daß ein zwölfjähriges Exemplar im Flottbeker Arboretum bereits eine Höhe von 15 Fuß erreicht habe. Das war 1841. Dieses damals 12 jährige Exemplar muß also 1829 das Licht der Welt erblickt haben. Und tatsächlich stammte der Same von Douglas, den er von seiner ersten Reise nach Amerika heimgebracht hatte, und den die Königliche Gartenbaugesellschaft zu London an ihre Mitglieder verteilte. Zu deren korrespondierenden Mitgliedern gehörte mein Vater.

Um ihn auf sein Holz untersuchen zu können, ließ ich den Baum 1882 — damals also 52 Jahre alt, — fällen, — er war ca. 20 m hoch, auf 1 m Höhe 53 cm stark — bis auf 4 m nur

---

[1]) Das Holz der Douglasfichte.

[2]) Verzeichnis der Kiefern- und Tannenarten, ausgestellt am 1. September 1841 für die Versammlung deutscher Land- und Forstwirte zu Doberan.

um 6 cm sich verjüngend. Dieselbe Vollholzigkeit konstatiert auch Danckelmann an dem Jägerhofer Exemplar. Dieser Stamm hatte fünfzig sichtbare Jahresringe. Dr. Heinrich Mayr in München, der damals mit den Untersuchungen des Holzes der exotischen Nadelhölzer beschäftigt war, bat mich ihm solche zu verschaffen, und ich sandte ihm darauf u. a. auch das Holz dieser ersten in Deutschland gefällten Douglasfichte.

Aus dem über diese Untersuchung veröffentlichten Berichte[1]) zitiere ich nur den auf dieses Holz sich beziehenden Schlußsatz:

„.... so werden wir doch auf jeden Fall ein Holz erhalten, „das in seiner schlechtesten Qualität dem besten Holz von „Fichte und Tanne gleich kommt, in seiner besten aber dem „so vorzüglichen Lärchenholze nahe steht."

Dieser Baum hat wiederholt Samen getragen, aus dem Pflanzen erzogen worden sind, deren schönes Gedeihen in der Versuchsstation zu Sülldorf (Hollstein) nichts zu wünschen übrig läßt.

Nach dem der auf Kiefernboden IV. Klasse begründete Bestand, — aus geernteten Samen meines Flottbeker Baumes, — 25 Jahr alt geworden war, ließ ich auch hier wieder einen Stamm schlagen. Zum ersten Male waren aus hier geerntetem Samen Pflanzen erzogen und unter den denkbar ärmlichsten Verhältnissen auf Boden IV. Klasse erwachsen.

Professor Dr. Robert Hartig schickte mir ein sehr umfangreiches Gutachten über die zur Untersuchung gesandten Hölzer und schrieb mir noch einmal eingehend darüber. Dankbar erkenne ich an, und benutze diese Gelegenheit es öffentlich auszusprechen, wie der leider zu früh Verstorbene vom ersten Tage seit dem Erscheinen meiner Douglasfichte im Jahre 1877 meinen Bestrebungen stets ein einsichtsvoller, unparteiischer und zuverlässiger Berater gewesen ist.

Professor Hartig sagt nun am Schlusse dieses Gutachtens: „Soviel läßt sich aber aus allen bisher vorliegenden Untersuchungen „schon erkennen, daß die Douglasfichte bei uns in Deutschland, sowie

---

[1]) Forstwissenschaftliches Centralblatt, 5. Heft, 1884.

„in Schottland ein Holz erzeugt, welches das Kiefernholz weitaus „übertrifft und dem Lärchenholze im Gebirge nahezu gleich steht.

„Ein Zweifel, daß die Douglasfichte, sowohl was den wald„baulichen Wert als die Schnellwüchsigkeit und die Holzgüte betrifft, „eine höchst wertvolle Errungenschaft für den deutschen Wald ist „und immer mehr werden wird, kann wohl kaum mehr bestehen".

Wie wird dieses Urteil bestätigt durch dasjenige des Grafen von Wilamowitz, der auf Grund einer 25 jährigen Erfahrung der Douglasfichte das Zeugnis ausstellt, daß sie auf „III. und „IV. Bodenklasse weitaus mehr tut, als die Kiefer[1])"!

Der Jägerhofer Baum.

Der Forstgarten der Königlichen Oberförsterei Jägerhof bei Wolgast (Provinz Pommern) ist s. Zt. von dem Oberförster von Bernuth — im Jahre 1841 — angelegt.

Dieser hatte ein großes Interesse für ausländische Holzarten, welches er auch durch mancherlei Veröffentlichungen über dieselben in späteren Jahren betätigt hat. So stand er auch damals schon mit meinem Vater in Verbindung und von in Flottbek erzogenen Pflanzen stammt auch der Jägerhofer Baum, der als 4 jährige Pflanze im Jahre 1842 gepflanzt wurde, also jetzt 64 Jahr alt ist. Über die Dimensionen sind wiederholt Mitteilungen gemacht. Die hier folgenden stammen aus der allerletzten Zeit; Herr Forstmeister Schrötter in Jägerhof hatte die Güte, im Mai 1902 mir die genauen Größenverhältnisse mitzuteilen. Der Baum, an welchen der Forstmeister die Hand legt, ist die Douglasfichte, die Höhe beträgt 30 m, der Durchmesser auf Brusthöhe 80 cm.

Der Oldenburger Baum.

Im fiskalischen Forst des Großherzogtums Oldenburg steht bei der Forsthütte im Barneführerholz, Revier Streeck, Forstdistrikt Oldenburg ein ca. 70 Jahr altes Exemplar der Douglas-

[1]) Die nordamerik. Holzarten und ihre Gegner von John Booth. Verlag von Julius Springer. Berlin. S. 13/14.

fichte. Dieses ist nachweislich im Jahre 1845 von Flottbek dorthin gekommen, wahrscheinlich eine wiederholt verschulte Pflanze, aber desselben Ursprungs, wie die vorhin beschriebenen Bäume in Flottbek und Jägerhof.

Über diesen Baum hatte Herr Forstmeister Cropp in Oldenburg die Güte mir im vergangenen Frühjahr näher zu berichten, unter gleichzeitiger Angabe der Bezugsquelle einer sehr schön ausgeführten großen Photographie (29 : 25), wovon in verkleinertem Maßstabe sich hier ein Abdruck befindet. Nach den am 21. Februar 1902 vorgenommenen Messungen haben sich folgende Dimensionen ergeben: „Die Schafthöhe des Stammes, dessen Wipfel vor mehreren Jahren durch Sturm gebrochen ist, beträgt 19,50 m; die Baumhöhe der Douglasfichte ist dagegen jetzt auf ca. 20 m anzugeben, da ein Seitenast derselben aufzuwachsen beginnt.

Der Durchmesser des Stammes beträgt:

bei	1,30 m	. . . . .	74,5 cm
„	5,50 „	. . . . .	62,4 „
„	7,70 „	. . . . .	58,0 „
„	9,75 „	. . . . .	50,6 „
„	15,00 „	. . . . .	28,7 „
„	17,45 „	. . . . .	18,2 „

Der Stamm hat bis zu 15,40 m Höhe (Stelle, an welcher der Wipfel zum ersten Male gebrochen ist) einen Inhalt von 4,07 fm. Das oberste Stück des Stammes von 15,41 bis 19,50 m Höhe hat einen Inhalt von 0,11 fm; der ganze Schaft enthält also 4,18. Mit den Ästen hat der Baum einen Inhalt von ca. 4,50 fm.

Im Frühjahr 1896 hatte der Stamm der Douglasfichte bei einer Höhe von 19,50 m in Brusthöhe einen Durchmesser von 70 cm, — derselbe hat sich also in den letzten 6 Jahren um 4,5 cm vergrößert.

Zu erwähnen ist noch, daß im Sommer die unteren Äste der Douglasfichte auf 2,8 bis 4 m Höhe beseitigt worden sind."

Soweit die dankenswerten Nachrichten des Herrn Forstmeisters Cropp.

Schon früher hatte ich berichtet[1]), wie die gleichzeitig mit der Douglasfichte gepflanzten österreichische Kiefer, Edeltanne, Lärche gegenüber der Entwicklung der Douglasfichte zurückgeblieben waren. Die damals amtlich mir genannten Zahlen werden jetzt nach 20 Jahren durch die mir von Herrn Forstmeister Cropp gütigst mitgeteilten Zahlen, — indem jene Arten dem Wachstum der Douglasfichte gegenüber das langsame Tempo wie früher inne gehalten haben, — bestätigt. So hatte die Edeltanne auf Brusthöhe jetzt einen Durchmesser von 38 cm und die österreichische Kiefer 34 cm.

Bevor ich dieses Kapitel über die drei historischen Douglasfichten schließe, muß ich einer den Tatsachen durchaus widersprechenden Ansicht eines Gelehrten entgegentreten. Er sagt: „Ich habe bis jetzt, obwohl die Douglasfichte schon über 60 Jahr bei uns angebaut ist, noch kein Exemplar gesehen, das 20 m erreicht hätte; die ältesten Kulturen in Deutschland an der Nordsee, in Braunschweig, finden sich in Parkanlagen. Alle diese Örtlichkeiten habe ich voriges Jahr besucht; wenn ich nach den alten Exemplaren frug, hieß es immer: die Gipfel seien dürr geworden, man habe sie bereits entfernt".

Diese Behauptung muß rundweg als eine durchaus unrichtige zurückgewiesen werden.

Zu den Abbildungen des Flottbeker und des Oldenburger Baumes muß folgendes bemerkt werden. Diese Bäume hatten durch schnelles Wachstum ihre Nachbarschaft überragt und boten nicht nur den Vögeln einen höchsten Ruhepunkt, sondern waren auch allen Stürmen der Elbe und der Nordsee preisgegeben, deshalb fehlte stets die eine Spitze, und es bildeten sich gleichzeitig immer mehrere, wie das aus den Abbildungen zu sehen ist.

Herr Forstmeister Cropp teilt mir über den Oldenburger Baum ausdrücklich mit, daß der Sturm vor mehreren Jahren den Gipfel genommen hat.

---

[1]) Naturalisation ausländischer Waldbäume in Deutschland. 1882. Berlin. Julius Springer. S. 132.

Die nachfolgenden Abbildungen der Douglasfichte beim Grafen von Wilamowitz in Gadow zeigen solche über 20 m hoch mit den schönsten Spitzen, und auch der Bestand des Fürsten Knyphausen, wenn auch nur 15 m hoch, scheint mir nicht den Eindruck der Gipfeldürre zu machen, — und wenn selbst die Stürme der Nordsee ihn fassen sollten, so wäre es ganz natürlich, daß einer oder der andere die Spitze einmal verlöre.

Solch allgemein ausgesprochene Sätze, aber ohne Nennung der Lokalitäten, wo sich diese „dürr gewordenen Gipfel" gezeigt haben sollen, sind falsch, schädigen die Sache und blieben besser ungesagt, besonders wenn sie von wissenschaftlichen Forstleuten kommen.

Pseudotsuga Douglasii.

Im Jahre 1877 erschien mein Buch über die „Douglasfichte". Zum ersten Male, daß etwas Zusammenhängendes über diesen „interessantesten Baum" der Gegenwart, wie der verstorbene Forstdirektor Burckhardt ihn nannte, erschien und die allgemeine Aufmerksamkeit auf ihn gelenkt wurde. Noch wichtiger für die schnellere Verbreitung aber war es, daß der Fürst Bismarck Kenntnis von dem Buche nahm, dessen Inhalt nicht unwesentlich dazu beigetragen hat, die ganze Versuchsfrage zu fördern.

Die außerordentliche Entwickelung der ersten Douglasfichte in England regte die Pflanzlust jedes Park- und Gartenbesitzers an, auch forstlich wurde sie stellenweise angebaut.

Durch die seit dem Jahre 1880 angestellten Versuche ist es nun vorläufig amtlich festgestellt, daß dieser Baum als eine höchst wertvolle Bereicherung für unseren Wald anzusehen ist. Ein gleiches Lob wird der Douglasfichte von belgischen Forstleuten gespendet, ganz besonders hervorgerufen durch ihr prächtiges Verhalten in dem äußerst unwirtsamen Klima der Ardennen, — „la Sibérie de „la Belgique, — sie sei die wertvollste Akquisition, die jemals „der europäische Wald gemacht habe."

Angesichts dieser allseitigen Übereinstimmung können wir es nur erfreulich begrüßen, daß zwischen der Zeit der Einführung

Phot. Paulsen, Norden.

25jähriger Bestand der Douglasfichte in Lützburg (Ostfriesland).

15 m hoch — 1,10 m Umfang auf Brusthöhe.

dieses Baumes und derjenigen der Erkenntnis seiner besonderen Eigenschaften, welche ihn berechtigten, als erster in die Klasse der anbauwürdigen Arten aufgenommen zu werden, nur eine relativ kurze Zeit verstrichen ist: eingeführt in England 1827, — gleichzeitig herüber gekommen nach Deutschland, — amtliche Versuche begonnen 1880.

Die „amtlichen Ergebnisse“ umfassen die Zeit zwischen 1880 und 1900.

Seit dem Erscheinen meiner ersten Schrift über die Douglasfichte (1877) kann jetzt noch über manches Interessante, das sich inzwischen entwickelt hat, berichtet werden.

Im Jahre 1877, also vor 25 Jahren, erschien in den vom verstorbenen Forstdirektor Burckhardt alljährlich herausgegebenen zwanglosen Heften „Aus dem Walde“ ein Artikel des Grafen von Knyphausen „Aus dem Parke in den Wald“, worin der Graf damals schon der Douglasfichte eine große Zukunft voraussagt. Gleichzeitig erschien mein Buch über die Douglasfichte. Burckhardt, indem er den Empfang desselben bestätigte, schrieb mir u. a. am 23. Mai 1877: „Graf Knyphausen bezeichnet mir Abies Douglasii „als Waldbaum mit sicherer Zukunft. Wie Sie, will auch er die „Fremdlinge, welche sich bei uns bemerklich gemacht haben, mehr in „den Wald eingeführt sehen. Ich stimme gerne bei und meine, „Ihr Herren von der feineren Richtung müßt uns Forstleuten „von der gröberen Kunst Material und Ratschläge geben.“

Diese Art und Weise hebt sich wohltuend ab gegen die unwissende und beschränkte Opposition der 80er und 90er Jahre des vorigen Jahrhunderts.

Mit Burckhardt habe ich in jahrelangem sehr angenehmen persönlichen und schriftlichen Verkehr in der Naturalisationsfrage gestanden, welcher er durchaus fördernd gegenüberstand, wie seine vielfachen Briefe dartun.

Ermuntert durch die günstigen Erfahrungen, begründete der Graf (jetzige) Fürst Knyphausen im Jahre 1879, wie er mir schreibt, einen Douglasbestand, mit 3jährigen Pflanzen auf 6 Fuß Verband, der jetzt im Jahre 1902, also ca. 25 Jahr alt, eine

Höhe von 15 m bei einer Stärke auf Brusthöhe von 1 m 10 cm erreicht hat.

Einer sehr schönen Entwickelung erfreuten sich die ausländischen Nadelhölzer beim Grafen von Wilamowitz-Moellendorff in Gadow, dessen erste Pflanzungen zurückgehen bis in die 60er Jahre, und dessen älteste Douglasfichten damals bei meinem ersten Besuch in Gadow, in den 70er Jahren, etwa ein Alter von 11 Jahren erreicht hatten.

Sehr interessant war die gleich günstige Entwickelung unter so gänzlich verschiedenen Verhältnissen: Lützburg unter dem direkten Einfluß der Nordsee und Gadow, im Binnenlande, im märkischen Sande!

Daß die Douglasfichte sich längst auch in Gadow in den Wald eingebürgert hat, darüber findet man Näheres in einer vor einigen Jahren von mir veröffentlichten Schrift[1]). Eine Anzahl wohlgelungener Bilder veranschaulichen das prächtige Wachstum ausländischer Nadelhölzer beim Grafen von Wilamowitz in Gadow.

Die Douglasfichte in Belgien.

Schon vor 20 Jahren brachten unsere gleichartigen Bestrebungen mich mit dem Grafen Visart zusammen. Die in den 70er Jahren von ihm versuchsweise angepflanzten Douglasfichten hatten sich in dem außerordentlich rauhen Klima der Ardennen so vorzüglich entwickelt, daß ihre Widerstandsfähigkeit nicht unbemerkt bleiben konnte. Ermutigt dadurch, sowie durch meine eigenen Erfahrungen, hat sich der Graf Visart seitdem der großen Verbreitung der Douglasfichte in Belgien mit aller Energie angenommen, um durch sachgemäß an verschiedenen Orten angestellte Versuche ihr Verhalten in Belgien festzustellen.

Über das Klima in dem Hochplateau der Ardennen — bis 675 m — ist man übereinstimmend der Ansicht, daß es sehr

[1]) Die nordamerikanischen Holzarten und ihre Gegner. Berlin, J. Springer 1896. Seite 13.

Phot. Beisig, Perleberg.

Douglasfichte.
32 Jahre alt — 18,50 m hoch.

Abies grandis.

Fichten
und Douglasfichten.
Erstere mindestens
60 Jahre alt.

Douglasfichte.

36 Jahre alt — 24,50 m hoch — 1,64 m Umfang.

Douglasfichten in Gadow.

Douglasfichte.

36 Jahre alt — 25,50 m hoch — 2,17 m Umfang.

Tsuga Mertensiana.

14 m hoch.

Ausländische

Thuya gigantea.

15 m hoch — 1,25 m Umfang.

zer in Gadow.

Abies Nordmanniana. Nach Schätzung 20 Jahre älter. **Abies grandis.** 15 m hoch.

Ausländische N

Abies concolor lasiocarpa.
24 m hoch — 1,80 m Umfang.

…er in Gadow.

rauh, — wir haben in Deutschland nur wenig gleichartige aufzuweisen. Monatelanger bis 30 Zentigrade harter Frost, — dazu vielfach Spätfröste, welche ihre üblen Wirkungen nicht selten an einheimischen und ausländischen Holzarten ausüben.

Vollständig intakt von allen Frostschäden in den Ardennen bleibt die Douglasfichte. Seit vielen Jahren berichtet Graf Visart über besonders extreme Witterung im Winter, und nach all' diesem kann man wohl die vollkommen erprobte Widerstandsfähigkeit der Douglasfichte aussprechen.

Es lag mir nun aber daran, von forstlicher Seite ein Gutachten über diesen Baum in Belgien zu erhalten. Ein solches hat mir der Forstinspektor, Herr N. J. Crahay, der mit den forstlichen Versuchen des landwirtschaftlichen Ministeriums betraut ist, zu übersenden die Güte gehabt, welches ich nebst einer Abbildung in Übersetzung hier folgen lasse.

Brüssel, den 23. Juni 1902.

„Unter den ausländischen Holzarten, deren Naturalisation in „Belgien versucht worden ist, hat die Douglasfichte ohne Zweifel „die besten Resultate ergeben. Überall, wo man sie unter den ihr „zusagenden Bedingungen gepflanzt hat, gedeiht sie: ein prächtiger „Baum, mit üppigster Vegetation. Nur einen Fehler hat sie, sie „wächst zu schnell und überragt zu bald all' die Arten, mit denen „man sie gemischt hat. Selbst die schnell wachsende Weymouthskiefer kann ihr kaum folgen; die Fichte, die sonst in den Ardennen „sich durch ihr schnelles Wachstum auszeichnet, bleibt zurück, — von „den Laubhölzern gar nicht zu reden. Hinsichtlich der Höhenlage „kann man in Belgien drei große Abteilungen beobachten: „la basse „Belgique“ von 0—100 mètres; „la moyenne Belgique“ von „100—200 mètres; und „la haute Belgique“ von 200 bis „675 mètres.

„Die Vegetation der Douglasfichte, während der letzten 20 Jahre „eingeführt, ist fast allenthalben gleich gut, aber — unter sonst „gleichen Verhältnissen — scheint sie ganz besonders in dem „hohen „Belgien", welches die Ardennen umfaßt, zu gedeihen, und man

„kann hier schon einige Bestände sehen, die den Forstmann in Ver„wunderung setzen.

„In Flandern, in der Campine[1]) und in Brabant leiden die „Pflanzen zuweilen an einer Vertrocknung, welche den Folgen des „Mangels an Feuchtigkeit der Luft oder des Bodens zuzuschreiben „sein werden.

„Da die Douglasfichte in ihrer Heimat bedeutende atmo„sphärische Niederschläge gewohnt ist, darf man annehmen, daß sie „in der „haute Belgique“ ähnliche atmosphärische Bedingungen „findet wie in Amerika. Tatsache ist es, daß auf unseren hohen „Plateaus fast die doppelte Regenmenge fällt wie in der Ebene.

„Diese Vertrocknung im Herbst und im Frühjahr scheint dieser „schönen Art am verderblichsten zu sein, deshalb muß man einen „Standort, wo sie den Winden oder der Sonne zu sehr exponiert „ist, vermeiden. Kühle Abhänge, Täler, wo es im späten Frühjahr „nicht mehr friert, ein leichter Schutz von Birken oder Kiefern, „etwas Seitenschutz, das sind die passenden Standorte für die „Douglasfichte. Aber dennoch kommt sie auch auf baumlosen Terrains, „in günstigem Boden fort. Sie liebt tiefe, durchlassende frische „Böden. Man vermeide starke Tonböden und armen Sand. In „den Ardennen treibt sie gleich auf frischem durchlassenden Boden, „selbst wenn er mit noch so wenig Haidekraut versehen ist, während „unter denselben Verhältnissen die Fichte einige Zeit keine Fort„schritte macht.

„Sie eignet sich in ausgezeichneter Weise, um Lücken in den „jungen Beständen von Fichten und Kiefern zu komplettieren, — „selbst in fünfjährigen und älteren.

„In den gemischten Beständen muß man den anderen Arten „den Vorrang lassen. Eine wirkliche Schwierigkeit für die Forst„kultur besteht bei Neuanlagen darin, zu wissen, wie man die „Douglasfichte den anderen Arten beimischen soll. Sie wächst allen „über den Kopf, sie macht einen jährlichen Höhentrieb von 0,80 cm

---

[1]) La Campine ist der Landrücken in den Provinzen Antwerpen und Limburg.

„bis 1 m und vom 6., 7.—8. Jahr einen solchen von 1,25. Ich glaube „eine Mischung von Weymouthskiefer, Fichte, Douglas und Sitka-„fichte empfehlen zu können. Diese vier Arten kommen in der

Phot. Mr. Nelis, garde général.

Douglasfichte und Fichte.

Bestand des Grafen Visart in den Ardennen.

„„haute Belgique“ unter gleichen Verhältnissen vor und können „so in dieser Weise gruppiert 2 und 2 einen ausgezeichneten gemischten „Bestand bilden. Die Abbildung zeigt einen Bestand von Douglas-„fichten und Fichten des Grafen Visart in den Ardennen. Erstere

„haben auf $1^1/_2$ Meter (der Höhe wie man im allgemeinen in Bel-„gien die Bäume mißt) 1 Meter Umfang, — die Fichte dagegen „nur 0,60.

„Die blaue Form der Douglasfichte von Colorado — glauca — „hat bisher bei uns wenig befriedigt. Ganz untergeordnet ist sie „im Vergleich zu der grünen oder gewöhnlichen Douglasfichte, den „Spätfrosten ist sie mehr unterworfen und treibt sehr viel lang-„samer. Ein schöner Parkbaum, — aber im Walde scheint diese „blaue Form unseren gewöhnlichen Nadelhölzern nicht überlegen zu „sein, ohne daß ich deshalb irgend etwas über die Qualität des „Holzes sagen möchte.“

Picea sitchensis in Gadow.

17,50 m hoch — 1,15 m Umfang.

Die Sitka-Fichte.

(Picea sitchensis.)

Auf dem Bilde, welches die große Douglasfichte in Jägerhof darstellt, findet sich gleichzeitig ein anderer Baum, der seiner unmittelbaren Nachbarschaft wegen mit aufgenommen werden mußte.

So bietet sich die willkommene Gelegenheit, auch über diesen Baum, der nach dem Ausspruche des Forstrat Witzell in Trier „als eine zweifellose Bereicherung unseres forstlichen Baumschatzes „anzusehen ist," gleichzeitig einiges zu berichten.

In dieser Größe und in bezug auf seine Herkunft ist dieses Exemplar in Deutschland ein Unikum.

Wie mein Vater auf der vorher erwähnten land- und forstwirtschaftlichen Versammlung zu Doberan im Jahre 1841 zum ersten Male in Deutschland die Douglasfichte vorzeigte, so hatte er gleichzeitig in der großen Sammlung ausländischer Arten: Abies Menziesii jetzt Picea sitchensis genannt, auch eine Einführung von Douglas. Diese Pflanze war ebenfalls in Flottbek aus dem aus Britisch Columbien stammenden Samen erzogen.

Im Jahre 1842 wurde eine vierjährige Pflanze gleichzeitig mit der Douglasfichte im Forstgarten zu Jägerhof gepflanzt. Nach den von dort erhaltenen Mitteilungen hat dieser Baum wie die Douglasfichte ein Alter von 64 Jahren, auch die Höhe ist dieselbe: 30 m, — der Durchmesser auf Brusthöhe beträgt 65 cm, — während die Douglasfichte eine stark borkige Rinde hat, besitzt die Sitkafichte eine glatte.

Schon vor 25 Jahren — 1877 — erschien in den „Transactions of the Highland and Agricultural Society of Scotland" eine Abhandlung, die sich eingehend mit diesem Baume beschäftigte, eine genaue Statistik der größten Bäume in Schottland im Alter von 15 bis 40 Jahren zusammengestellt hatte, und die außerordentlich wertvollen Eigenschaften dieser Fichte darstellte.

In Schottland hatte man, wohl teilweise dem Landsmanne zu Ehren, die Douglasschen Einführungen vielfach angepflanzt.

Das Urteil, welches sich in Schottland schon vor 25 Jahren über die Ansprüche und die Leistungen der Sitkafichte ergeben hatte, hat für uns, nach abermals 25 Jahren, insofern eine große Bedeutung, da unsere Erfahrungen mit den dort gewonnenen übereinstimmen und dieselben sich gegenseitig ergänzen.

So sei in erster Linie festgestellt, daß die Sitkafichte vor allem einen feuchten Standort liebt, wo sie ganz Außerordentliches leistet. Aber auch auf minder feuchtem, selbst auf trockenem Standort kommt sie noch fort, wenn nur die Atmosphäre feucht und nebelig ist, und in der Gegend viele Niederschläge sind. Völlig versagt sie dagegen auf trockenem mageren Boden, mit gleichzeitig trockener Luft, — sie kränkelt an solch' ungeeigneten Standorten und geht ein.

Engelmann in seinem „Geological Survey of California“ sagt: meistens in nassem sandigen Boden, an den Flüssen, an rasch dahinfließenden Gebirgsbächen . . . Der feuchte Boden ist eine Hauptbedingung eines üppigen Gedeihens. Und der verstorbene Professor Meehan, der 1883 eine Reise nach Alaska machte, schrieb mir von dort: „Das Klima in Alaska auf 60° n. B. ist sehr feucht, „sehr nebelig und es fällt viel Regen. Hier finden sich die schönsten „Sitkafichten. Im östlichen Amerika, wo ein trockenes Klima, ge„deiht sie nicht so gut“.

Nach der schottischen Statistik befanden sich die schönsten Bäume in der Nähe von Gewässern oder sie hatten sonst einen feuchten Standort.

Bestätigt wird die Neigung zu solchen feuchten Standortsverhältnissen durch die „amtlichen Ergebnisse von 1901“ von Dr. Schwappach, auch in dem Bericht über österreichische Anbauversuche von Dr. Cieslar, — ebenso liegen von Einzelnen ähnliche

Berichte vor. So teilt mir der Fürst Knyphausen mit: „Neuer-„dings habe ich übrigens auch die Vorzüge der Menziesii[1]) sehr „bewundert, denn sie hat enorme Zuwächse zu verzeichnen, ist „durch sich selbst gegen Wildverbiß geschützt und hat gegen Kälte „fast dieselbe Widerstandskraft wie die Douglas und vor dieser „voraus, daß sie einen sehr hohen Grad von Feuchtigkeit „vertragen kann".

In den „Ergebnissen" wird Seite 51 mitgeteilt, daß in der Oberförsterei Grünewalde (Regb. Magdeburg) 50 Sitkafichten während der Monate März und April 1899 sechs Wochen im Wasser, durch Hochwasser der Elbe verursacht, gestanden haben, meist bis zur Spitzknospe überschwemmt, ohne im mindesten zu leiden.

Ich kann diese Erfahrungen bezüglich des feuchten Standorts durch eine eigene bestätigen, die alles übertrifft, was ich je in Bezug auf gutes Gedeihen von Fichten auf nassem Boden gemacht habe.

An einem ganz ungeeigneten Standort, auf sehr trockenem Boden in trockener Luft, Sonne und allen Winden exponiert, fristeten ca. 150 drei bis vier Fuß hohe Sitkafichten ein kümmerliches Dasein. Ehe ich sie kassierte, pflanzte ich dieselben in ein Erlenbruch, wo das Wasser sich im Mai-Juni verzog, um im Oktober wieder zu erscheinen, — die Pflanzen erholten sich nicht nur, sondern entwickelten ein ganz enormes Wachstum, der Stamm war ca. 5 cm im Wasser — höher stieg es selten — und so standen sie fast 8 Monate des Jahres. Wenn ich die Sitkafichte auch nicht zur Bepflanzung von Erlenbrüchen empfehlen will, so habe ich doch durch dieses Beispiel ihre ganz außerordentliche Fähigkeit, nasse Standorte zu ertragen, hervorheben wollen.

In den „Transactions of Royal Scottish Arboricultural Society" für 1901 findet sich ein kurzer Aufsatz über Abies Menziesii[2]) an einem nördlichen Abhang 700 Fuß hoch. Lärche

---

[1]) Vielfach noch so genannt, da man sich, wie es scheint, nicht so leicht an den Namen Sitchensis gewöhnt.

[2]) Im täglichen Gebrauch auch hier, wie in ganz England Abies Menziesii oder Menzies Fir genannt.

ist in diesem Bestand ganz verschwunden, Kiefer kämpft sich langsam weiter, Fichte hat ein gelbes, kränkliches Ansehen. Letztere und Douglasfichte sind in den 17 Jahren seit Gründung des Bestandes ungefähr 17 Fuß hoch mit 4 Zoll Durchmesser auf Brusthöhe.

Dagegen dominiert die „Menzies Fir“, scheint sich auf diesem Standort, 4 Fuß tiefem Haideboden, der s. Zt. sehr unvollkommen drainiert worden ist, — sehr wohl zu fühlen und hat eine Höhe von 27 Fuß bei 6 Zoll Durchmesser auf Brusthöhe erreicht. Der Artikel schließt mit der Bemerkung, „daß für kalte Lagen mit „einem wasserhaltigen Boden diese Fichte keine Konkurrenten hat, „sie wächst sehr rasch und giebt ein gutes Holz. Auf leichtem, trockenem „Boden dagegen haben wir nach 40 Jahren bemerkt, daß sie „einging“.

Im 2. Heft des forstwissenschaftlichen Zentralblatts 1902 findet sich eine Kritik über Anbauversuche ausländischer Holzarten in Österreich von Dr. Mayr. Es heißt hier: „Die Sitkafichte ist „an feuchten Standorten das erbärmlichste exotische Gewächs, das „ich versuchte.“ (!!)

Das an dieser Stelle ausgesprochene Urteil befindet sich im vollsten Gegensatz zu den seit langen Jahren an vielen Orten gemachten Erfahrungen. Ob bei 570 m Höhe in Bayern die Sitkafichte einen nassen Standort verträgt, vermag ich nicht zu beurteilen, — anderswo sagt *vorzugsweise* ein solcher ihr zu. Dieses absolut unrichtige Urteil darf nicht unwidersprochen hingehen. Mögen die vielen Freunde der Sitkafichte infolge dieses unrichtigen Urteils sich im ferneren Anbau nicht stören lassen.

Vernachlässigte Arten:

1. Iuglans nigra.

2. Prunus serotina. — 3. Robinia Pseudoacacia.

In der Einleitung habe ich auf die Nachteile aufmerksam gemacht, welche uns durch die Vernachlässigung längst bekannter, wertvoller ausländischer Arten entstanden sind, indem wir sie prinzipiell von der größeren Kultur im heimischen Walde fern hielten.

Fast sämtliche in Betracht kommende Arten, wie amerikanische Eichen, Tulpenbäume, schwarze Walnuß, Platane u. s. w., vor 50 Jahren von meinem Vater gepflanzt und von mir gefällt, um sie auf ihr Holz zu untersuchen, habe ich verarbeiten lassen, und kann nur Günstiges darüber berichten.

Es wird z. B. bei der amerikanischen Eiche stets ihre Raschwüchsigkeit hervorgehoben, und das Holz, so wird gleich gefolgert, ist hinsichtlich der guten Qualität gar nicht mit unserer Eiche zu vergleichen. An und für sich ist das richtig. Daß sie aber hinsichtlich ihrer Genügsamkeit unsere deutsche Eiche weit übertrifft und somit noch da angebaut werden kann, wo diese versagt, sei nur nebensächlich erwähnt. Was das Holz selbst anbelangt, so übertrifft das der Quercus rubra jenes unserer Eichen in mancher Beziehung ganz bedeutend, — wie das auch ganz richtig in den „Ergebnissen von 1901" angegeben ist. „In der Möbeltischlerei wird das Holz seiner leichten Bearbeitung und schönen Textur wegen hochgeschätzt." Ein Paneel, welches ich aus diesem Holze anfertigen ließ, erregte allgemeine Bewunderung, nicht nur wegen der schönen Textur, sondern ganz besonders wegen der hellbraunen lebhaften Farbe, wogegen diejenige unserer einheimischen ganz wegfiel. In der Zeit, in der die amerikanische solche Stärke erreichte, hätten die deutschen das lange nicht leisten können. Also doch augenscheinliche Vorteile. So geht es auch mit den anderen vorhin genannten Arten, sie haben eine oder die andere gute Eigenschaft, welche unsere deutschen Waldbäume nicht besitzen.

Und es ist kein Grund, wie leider bisher geschehen, ihnen prinzipiell den Eintritt in den deutschen Wald zu versagen. Wie sagt doch Heinrich Cotta vor 100 Jahren in seinem Waldbau: „Die Waldungen sind so zu behandeln, daß in ihnen die größte „und brauchbarste Holzmenge mit den wenigsten Kosten erzogen „und richtig benutzt werde. Das **Holz** ist der wichtigste Gegen„stand der Waldungen."

An drei Holzarten will ich die Nachteile, welche wir uns selbst zugefügt haben, indem wir dem Anbau widerstrebten, recht deutlich darstellen. Über die seit länger als 100 Jahren vollkommen gelungene Naturalisation derselben besteht unter Sachverständigen kein Zweifel. Zwei von ihnen geben so hochwertiges Holz wie keines unserer einheimischen Hölzer; auch besitzen wir keine parallele Art im deutschen Walde.

Seit länger als 100 Jahren konnten wir aus der diesbezüglichen Literatur alles das erfahren, was zu ihrem forstlichen Anbau nötig war, — was uns jedenfalls zu Versuchen hätte veranlassen müssen.

Die jetzt erschienenen amtlichen „Ergebnisse von 1901" sind eine einfache Bestätigung all' jener Zeugnisse.

1. Iuglans nigra.

Die schwarze Walnuß wurde ums Jahr 1638 nach England eingeführt. Sie muß sich ziemlich gleichzeitig in alle Länder verbreitet haben, denn wir finden sie überall jetzt noch in mächtigen Exemplaren in Deutschland, Österreich, Belgien, England und in Frankreich.

Selbst ohne das Datum der Pflanzung einzelner Bäume zu wissen, kann man sie, im Vergleich mit jenen, denen sie an Stärke nichts nachgeben, bei denen aber der Lebenslauf historisch festgestellt ist, mehr oder weniger auf ein Alter von 200—250 Jahren ansprechen.

Da ich niemanden fand, der seine alten Bäume schlagen lassen wollte, so blieb mir nichts anderes übrig, um die Qualität des in Deutschland erwachsenen Holzes mit dem in Amerika erwachsenen vergleichen zu können, als die im Jahre 1825 von meinem Vater in Klein-Flottbek (Holstein) gepflanzten Bäume im Jahre 1875 zu fällen.

Die Bäume hatten sich gut entwickelt. Das Holz sowohl von Iuglans nigra als auch von Iuglans cinerea, letzteres etwas heller, — aber kaum zu unterscheiden, — war dunkel mit seidenartigem Glanz, ein höchst wertvolles Material für alle feinsten Möbel- und Tischlerarbeiten.

Eingeführt wurden in den Hamburger Hafen[1]) während der acht Jahre 1893/1900 an Mahagoni-, Ceder-, Eben-, Pockholz, Jacaranda, Buchs für 32750000 Mark. In derselben achtjährigen Periode, abgesehen von kleineren Mengen aus anderen Gegenden, — schwarze Walnuß aus Nordamerika für 37550000 Mark.

Also allein von Nußbaumholz für ca. 5 Millionen Mark mehr als von allen wertvollen Hölzern Südamerikas u. s. w. zusammen. Der Preis des von Nordamerika stammenden Nußbaumholzes bewegt sich zwischen 182 und 200 Mark pro Kubikmeter.

Man sollte doch meinen, daß es sich lohnen würde, einen so wertvollen Baum mit aller Aufmerksamkeit zu kultivieren und ihm diejenigen passenden Standorte zu überlassen, die ihm zusagen.

Wohin unsere Unwissenheit uns bringen kann, beweist folgendes Beispiel.

In einer Zeitschrift rühmte sich jemand, daß er mehrere über 200 Jahre alte Iuglans nigra besäße, die aus der ersten Zeit

[1]) Hamburger Handel und Schiffahrt. Aus den Jahrgängen der Jahre 1893 bis 1900 zusammengestellt.

ihrer Einführung stammten. Um Raum für einen anderen Baum zu gewinnen, habe er ein Exemplar vor einigen Jahren schlagen müssen. Dieses war 100 Fuß hoch mit geradem Stamm, astrein bis auf 60 Fuß, — 3—4 Fuß Durchmesser auf Brusthöhe. Die anderen Bäume mit gleichem Durchmesser hatten durchschnittlich eine Höhe von 60—90 Fuß.

Dieser imposante Baum enthielt ± 20 Kubikmeter schwarzes Walnußholz, welches also nach der niedrigsten Wertangabe der Hamburger Einfuhrliste einem Wert von 3650 Mark entsprach. Das Holz dieses Baumes wurde verschleudert! Über den Wert desselben war der Besitzer ganz im unklaren, — er spricht am Schlusse des Artikels nur sein Bedauern darüber aus, daß man einen solchen Baum nicht mehr als Alleebaum pflanze.

Ist es nicht beinahe unglaublich, — und dann klagen wir über mangelnde Produktion des Bodens!

2. Prunus serotina.

Während die schwarze Walnuß anspruchsvoller ist als die spätblühende Traubenkirsche, diese im Gegenteil leicht in der Anzucht, anspruchslos in Beziehung auf Boden und in klimatischer Beziehung, — finden wir sie deshalb auch schon vor länger als 100 Jahren von allen, die über sie geschrieben haben, zum Anbau empfohlen.

Auch auf den großen Wert, den das Holz dieses in den Vereinigten Staaten sehr geschätzten Baumes einnimmt, ist wiederholt hingewiesen worden.

Nach dem Ausspruche von Professor Sargent gibt es in den Vereinigten Staaten von Nordamerika von der schwarzen Walnuß kaum noch nennenswerte Vorräte. Da aber das Holz der Prunus serotina seiner Schönheit wegen mit dem der schwarzen Walnuß konkurriert, so haben wir alle Veranlassung, uns mit der Anzucht dieses über 150 Jahre bekannten Baumes zu befassen und uns endlich einmal zu „ermuntern", wie Friedrich der Große in ähnlichen Fällen sagte.

Der Wert bei sehr beschränkter Einfuhr ist gleichfalls ein höherer, als wir ihn mit irgend einer einheimischen Art erzielen, und zwar umsomehr, als der Ertrag in viel kürzerer Umtriebszeit erfolgen kann. Dieses Holz kann ebenfalls zu den feinsten Fournierarbeiten verwandt werden und läßt sich daher schon in schwachen Sortimenten verarbeiten.

Bei uns ist es fast ganz unbekannt, und ich entsinne mich niemals, Möbel oder dergleichen größere Stücke aus diesem Holze gesehen zu haben.

In einem Artikel des Forstmeisters a. D. Krüger in Dessau über seine Erfahrungen mit Prunus serotina teilt die Forst- und Jagdzeitung im Dezemberheft 1901, S. 719 u. a. folgendes mit: „In Hamburg kostet das Festmeter z. B. 200 bis 240 Mark, und „wird der Preis sich noch steigern, da die Vorräte in Nordamerika „bereits ganz erschöpft sind."

Die Lebens-, und man kann wohl sagen, die Leidensgeschichte dieses Baumes seit 130 Jahren — 1772 — führe ich von der Gegenwart anfangend, und rückwärts gehend, vor, um auf diese Weise recht deutlich zu zeigen, wie die jetzigen Urteile ganz mit denen vor 130 Jahren zusammenfallen und wie wir diesen langen Zeitraum haben nutzlos verstreichen lassen, ohne diesem genügsamen und kostbaren Baume, ungeachtet aller Empfehlungen, — einen bescheidenen Platz im Walde anzuweisen!

Urteile über Prunus serotina.

1901 sagt Professor Dr. Schwappach in seinen Ergebnissen 2c. 2c., S. 64: „Die bisherigen Beobachtungen haben diese „Annahme (d. h. der vorher von ihm erwähnten seit 100 Jahren „gemachten guten Erfahrungen) hinsichtlich ihres guten Gedeihens „in Deutschland voll bestätigt, insbesondere dürfte sich Prunus „serotina dazu eignen, in den Kieferngebieten der östlichen Pro„vinzen ein wertvolles Laubholz zu erziehen. . . . . jedenfalls „verdient Prunus serotina besondere Beachtung und „umfangreicheren Anbau."

1901 urteilt Dr. Adolf Cieslar in „Über Anbauversuche mit fremdländischen Holzarten in Österreich“, Mitteilungen der K. K. forstlichen Versuchsanstalt zu Mariabrunn (aus dem Centralblatt für das gesamte Forstwesen), S. 53: „Prunus serotina „kann in Würdigung all ihrer vortrefflichen Eigen- „schaften zum weiteren Anbau in größerem Maßstabe „warm empfohlen werden“.

1892 erschien von dem Generalforstinspektor M. Berger in Brüssel ein Programm d'études sylvicoles, in welchem er den Cerisier sauvage d'Amérique à fruits noirs (Prunus serotina) beschreibt; er schließt diesen Artikel, nachdem er alle guten Eigenschaften dieses Baumes gebührend vorgeführt hat, mit den Worten: Nach dem vorzüglichen Wachstum, welches wir seit einigen Jahren beobachten können, ist die Annahme berechtigt, daß, wenn unsere Großväter den ihnen von Michaux vor einem Jahrhundert erteilten Rat befolgt hätten, diesen Baum in unserem Lande zu kultivieren, die Bewohner desselben mit dem Erlös aus ihrem Prunusholz die Weizenladungen, welche die Amerikaner uns schicken, jetzt würden bezahlen können. (!)

1890. In seinem Buche „Die Waldungen von Nordamerika“ von Dr. Heinrich Mayr lesen wir S. 178: Der Baum gehört zu den am schnellsten wachsenden, wertvollen Hartholzarten des Nordens; er wächst leicht auf trockenem Boden, auch wenn derselbe für landwirtschaftliche Zwecke bereits zu arm ist . . . das schöne rote Nutzholz wird zu Möbeln aller Art . . . benutzt. Starke Exemplare sind bereits eine Seltenheit . . .

1887. Der bereits erwähnte Dendrologe Dr. Carl Bolle von Scharfenberg, bearbeitete die Baumwelt der Mark Brandenburg im Auftrag der städtischen Behörde von Berlin als wissenschaftlicher Beirat des Märkischen Provinzial-Museums. Diese „Andeutungen über die freiwillige Baum- und Strauchvegetation der Provinz Brandenburg“ erschienen 1887. Es beschreibt der Verfasser in der vor mir liegenden 2. Auflage, S. 40 die Prunus serotina wie folgt: Hoher Strauch, bisweilen jedoch zu einem

Baum erster Größe erwachsend, stets durch das glänzende Lorbeerblatt ausgezeichnet; in der zweiten Hälfte des 18. Jahrhunderts aus Nordamerika eingeführt. Besonders stark im Neuen Garten bei Potsdam, und in den Parks von Neu-Cladow und Rauschendorf. Auf der Pfaueninsel ein Riesenexemplar von 1$^3/_4$ Meter Umfang in Brusthöhe und 2$^1/_8$ Meter am Boden. Diese vorzüglich schöne, für Pflanzungen nicht genug zu empfehlende Baumart, deren Früchte für den Menschen nicht ungenießbar, vielen Vögeln, u. a. den Drosseln, eine angenehme Nahrung sind, säet sich unter günstigen Verhältnissen von selbst aus, so z. B. bei mir auf Scharfenberg und in einer Schlucht des Havelufers bei Gatow. Der Tegler Forst besitzt sie in Strauchform verwildert.

1810. Michaux in seiner berühmten Histoire des arbres forestiers de l'Amérique septentrionale 17 u. 18 livr. S. 151/5 beschreibt Prunus serotina aus eigenster Anschauung ausführlich und faßt sein Urteil dahin zusammen, nachdem er das Holz als schönstes Möbelholz, das oft dem Holz der schwarzen Walnuß vorgezogen wird, sein schönes Wachstum, die geringen Bodenansprüche, die prächtige Entwickelung u. s. w., nachdem er all dieses rühmend hervorgehoben hat, „daß „diesem Baume, unter allen Umständen, ein Platz in den „Wäldern Frankreichs gebühre, besonders in denen der „nördlichen Departements". (An den Ufern des Ohio erreicht er eine Höhe von 80—100 Fuß, mit einem Durchmesser von 4—5 m. Weiterhin nördlich, wo außerordentlich kalte Winter herrschen, wird er nicht viel höher als 30—40 Fuß.)

1806 schreibt der Geheimrat Ober-Forstmeister der Kurmark Brandenburg von Burgsdorf im 2. Teil, S. 162 der dritten Auflage seiner „Anleitung zur sicheren Erziehung und „zweckmäßigen Anpflanzung der einheimischen und fremden Holz„arten, welche im Freien fortkommen" über Prunus serotina: Sie nimmt mit leichtem Boden und einer mittäglichen Lage vorlieb. Jeder Haideboden in der Mark Brandenburg bringt sie nächst den Kiefern in kurzer Zeit zu ansehnlichen

Bäumen, daher sie nicht genug empfohlen werden kann, — man muß sie höchstens 6 Fuß weit auspflanzen, sonst breitet sie sich zu sehr in die Äste aus und verliert an der Höhe des Stammes.

1787 und **1781** spricht Wangenheim sich, vollkommen mit Michaux übereinstimmend, auch aus eigener Anschauung, auf S. 34/35 „Beytrag zur teutschen holzgerechten Forstwissenschaft 2c." dahin aus: „In mancherlei Betracht wird die Anpflanzung des „Virginischen wilden Kirschbaumes in Teutschland nützlich werden, „und der Nutzen wird sich nicht allein auf die Forste, sondern „auch auf Privatpersonen und den Landmann erstrecken. Die „Ursachen sind, weil er zu vielerlei Gebrauch ein Nutz- und Werk- „holz von Wert liefert, und nur wenige Hölzer ausgenommen, „ihm hierin nahkommen, auch er eine solche Stärke erhält, daß „ansehnliche Arbeiten daraus verfertigt werden können. Ferner „so ist er seines schnellen Wuchses halber auch geschickt, dem „Holzmangel abzuhelfen, und im 20. Jahre würden die Stangen „schon eine solche Stärke haben, daß sie vieles und dabei gutes „Brennholz liefern; so ist auch ein sehr mittelmäßiger „trockener Boden, ja ein schlechter, sandichter schon ge- „schickt, diese Baumart darauf anzubauen.

„Daß unsere Winter und Klima dieser Holzart angemessen „sind, sie ihren schnellen Wuchs auch beibehält, wissen wir „schon aus der Erfahrung. Reizen solche Beweise nicht, die „wilde Anpflanzung dieses Baumes in Teutschland zu unternehmen „und baldmöglichst zu befördern?"

1772. Im II. Teil, S. 191, von du Rois Harbkescher wilder Baumzucht finden sich die Bemerkungen: Aus Samen kann man leicht junge Pflanzen ziehen . . . diese sind in ihrer Jugend ebenso hart, als die alten Stämme . . . die hiesigen haben in einem Alter von acht bis neun Jahren eine Höhe von 12—15 Fuß erhalten. Sie wachsen also nach dieser Erfahrung sehr schnell . . . bei diesem schnellen Wuchse könnte man auf das Holz, wenn man es sonst nicht besser anzuwenden verstände, als Brennholz rechnen.

Und von diesem Baum, dessen Vorzüge wir literarisch seit 1772, also seit Einhundert und dreißig Jahren rühmen hören, der in forstlichen Kreisen fast ganz unbekannt ist, — von diesem Baum weiß ein Oberforstmeister, zugleich Lehrer der Forstwissenschaften, unter stillschweigender Zustimmung amtlicher Kreise im Jahre 1894 nichts weiter zu sagen als: **er sei mein neuestes Schoßkind!!**

3. Robinia Pseudoacacia.

Wenn auch etwas mehr gewürdigt, aber im Verhältnis zu ihren wertvollen Eigenschaften lange nicht genug, hat die Akazie in Deutschland in forstlicher Beziehung doch eigentlich nur eine sehr untergeordnete Rolle gespielt.

Auf den schlechtesten Böden, auf Schutthalden, an Eisenbahnböschungen, fast überall gedeiht sie, und doch hat bei uns die offizielle forstliche Welt nur insoweit von ihr Notiz genommen, daß man ihr hier und da, wo alles versagte, einen Platz anwies.

Wenn es aber in Ungarn möglich war, wie im Aprilhefte 1899 der Zeitschrift für Forst- und Jagdwesen in einem Artikel des kgl. ungarischen Forstverwalters Bund zu lesen ist, wenn es dort möglich war, diesen Baum epochemachend für die Aufforstung Ungarns zu verwerten, — warum, so frage ich, konnten auch wir nicht schon viel früher zu der Einsicht seiner vorzüglichen Eigenschaften gelangen?

Der königlich ungarische Forstverwalter sagt: . . . Die Akazie ist eine typische Holzart des ungarischen Tieflandes geworden . . . im ganzen Lande tritt sie auf einer Fläche von 70 000 ha bestandbildend, zumeist in reinen Beständen auf . . . für leichten, trockenen Boden . . . Baum der Zukunft für die Aufforstung der zahlreichen Sandflächen der ungarischen Tiefebene . . . unsere Akazienwälder sind mit 20 jährigem Umtrieb bewirtschaftet u. s. w.

Im Maiheft 1899 der eben erwähnten Zeitschrift wird der Bericht des königlich pr. Berginspektors Dütting-Grube König bei Neukirchen — erwähnt. Er beurteilt die Akazie mit Rücksicht auf ihre große Holzdauer als ein für den Grubenbetrieb außerordentlich geeignetes Holz, namentlich als einen Ersatz für das teure Eichenholz zur Türstock-Zimmerung. Allerdings steht der für die Versuchshölzer gezahlte hohe Preis (26 M für 1 cbm) einer ausgedehnten Verwendung zur Zeit noch entgegen. Nach französischen Berichten ist Eiche in den Gruben bald zu Grunde gegangen, während Akazie noch nach 4 Jahren gesund gewesen sei. —

Im Maiheft 1900 derselben Zeitschrift liest man: „Der hohe „Wert des Akazienholzes für den Grubenbau steht also „fest, hat aber vorläufig keine große praktische Bedeutung, weil „es nur zu hohen Preisen und in kleinen Massen zu haben ist."

Sind diese Zitate aus der Zeitschrift für Forst- und Jagdwesen nicht die schärfste Kritik einer forstlichen Vernachlässigung?

Im Jahre 1601, — unter Heinrich IV. — pflanzte Robin in Paris[1]) die Akazie „en grand", und seit länger als zweihundert Jahren kennen wir diesen Baum, und **noch** können wir nicht mit dem Holz dieses leicht zu ziehenden, fast überall schnell wachsenden Baumes den Markt versorgen, **noch** nicht einmal 20 jähriges Grubenholz liefern. — **Noch nicht**!!

Mit Recht konnte der Referent auf der Versammlung des märkischen Forstvereins 1900 sagen: „Es geschieht heute zum ersten „Male, daß die Akazie zum Gegenstand besonderer Erörterung „gemacht wird. Und doch stehe ich nicht an, dieselbe unter die „wertvollsten Baumarten zu rechnen". Wenn nun, all diesen wertvollen Eigenschaften der Akazie gegenüber, ein preußischer Oberforstmeister den Mut hatte, noch im Jahre 1894 zu sagen: er stimme ihrem Anbau zu, wenn sie auf kräftigem Buchenboden in die Bestände eingesprengt werden soll, — auf geringem Boden bringe sie es nur zu jämmerlichen Baumgestalten, — wenn amtlich solche Fehler nicht richtig gestellt werden, wenn solche absolut falschen Berichte vom akademischen Lehrstuhl der Jugend gegenüber ausgesprochen werden dürfen, ohne sofort von anderer Seite rektifiziert zu werden, dann darf man sich doch nicht wundern, wenn die seit einigen Jahrhunderten bei uns allbekannte und vollständig naturalisierte Akazie **noch** nicht einmal im 20 **jährigen Umtriebe** gewonnenes **Grubenholz** liefern kann!

[1]) Michaux, Histoire des arbres forestiers etc. 21 u. 22 liv. p. 245.

Nachträge zu den Ergebnissen von 1901.

Die Ergebnisse der in den preußischen Staatsforsten ausgeführten Anbauversuche mit fremdländischen Holzarten werden den Forstleuten einstweilen als Leitfaden bei der Anlage neuer Kulturen dienen müssen, — bis im Laufe der Jahre auf weitere Erfahrungen hin die Versuche als abgeschlossen betrachtet werden dürfen.

Jede Art, die durch ihr allgemeines Verhalten in die erste Klasse der „anbauwürdigen" aufgenommen wurde, ist gewissermaßen offiziell anerkannt worden.

Zur Beseitigung von Mißverständnissen muß hier hervorgehoben werden, daß eine Art nicht etwa nur wegen ihres Holzes als anbauwürdig bezeichnet worden ist, sondern ihre Vorzüge können auch auf anderem Gebiete liegen.

Ich habe in meinem Referat 1880 auf der Versammlung forstlicher Versuchsanstalten zu Baden-Baden, — welches ich im Auftrag des Ministers für Landwirtschaft und Forsten, Freiherrn Lucius von Ballhausen, übernommen hatte, die Gründe dargelegt, die uns zum Anbau einer ausländischen Art veranlassen können.

Wir dürfen erwarten:

1. daß sie ein absolut besseres Holz liefern, als einheimische Arten desselben Geschlechts; oder

2. daß sie in kürzerer Zeit größere Holzmassen, wenn auch geringwertigere produzieren; oder
3. daß sie bei gleicher oder selbst geringerer Holzqualität durch ihre Genügsamkeit hinsichtlich der Bodenansprüche, ihre Verwendbarkeit als Mischholz, ihre Widerstandsfähigkeit gegen Wind oder sonstige Witterungsverhältnisse oder durch irgend andere eigentümliche Eigenschaften vor den einheimischen Arten sich auszeichnen.

Es steht fest, daß die auf S. 94 der Ergebnisse unter Nr. 1 genannten Arten eine der von mir vorstehend genannten Forderungen erfüllen und das Prädikat anbauwürdig verdienen. Es besteht hierüber kein Zweifel, und auch darüber kann man in Zukunft beruhigt sein, daß, wenn von irgend einer Seite „falsch Zeugnis“ wider sie erhoben werden sollte, dieses auf forstlicher Seite keinen Einfluß mehr haben kann, wie noch bis vor kurzem die widersprechendsten und unrichtigsten Meinungen freien Lauf hatten und Gehör fanden (cfr. Artikel über Prunus serotina — Iuglans nigra und Akazie).

In dieser gesicherten Stellung falschen Zeugnissen gegenüber befinden sich nun aber alle jene Arten nicht, die wie Akazie und Weymouthskiefer teilweise forstlich schon angebaut sind oder auch eine ganze Anzahl alter Parkbäume, die wir seit mehr als hundert Jahren kennen, von deren forstlichem Verhalten und Anbau wir aber garnichts wissen.

Ich werde daher am Schlusse vorschlagen, daß man nicht nur diese bekannten Waldbäume offiziell unter die anbauwürdigen aufnimmt, — sondern auch, daß man noch einer kleinen Zahl jener Arten, welche wie fast alle nordamerikanischen Bäume sich seit einem Jahrhundert völlig naturalisiert haben und die uns als alte Parkbäume wohlbekannt sind, die Aufnahme in die Klasse der anbauwürdigen nicht verweigert.

Es gibt noch einige wertvolle Arten, Einführungen des 17. und 18. Jahrhunderts aus Nordamerika, welche nicht mit in den Rahmen der forstlichen Versuchspflanzen hineingezogen worden sind.

Lange bekannt, und fast überall in Mitteleuropa in hundertjährigen Bäumen anzutreffen, hat man sie nicht mit in die Reihe der Versuchspflanzen aufgenommen, — als Forstbäume, dachte man, kämen sie eigentlich nicht in Betracht, — da man sie stets nur als vollkommen naturalisierte Parkbäume zu sehen gewohnt war.

In den letzten 30 Jahren hat sich nun ein Wechsel in den Ansichten über Park- und Waldbaum vollzogen.

Vor vielen Jahren schon habe ich auf die willkürliche und gänzlich unmotivierte Ausscheidung dieser Arten von der großen Kultur — zur Holzerziehung — hingewiesen.

Warum, so fragte ich — und jetzt mit mir mancher einsichtige Forstmann —, kultivieren wir nicht die wertvollen amerikanischen Laubhölzer: sie sind vollkommen hart, ertragen unser Klima vortrefflich und liefern Holzqualitäten, die wir in unseren einheimischen Arten nicht besitzen. Warum nicht?

Das schon so oft über den Parkbaum Gesagte definiere ich nochmals, um in diesem Namen nur dasjenige zu vereinigen, was dahin gehört, und alle anderen Arten, welche durchaus irrtümlich mit dem falschen, vorurteilsvollen Wort „Parkbaum", wie es bei uns teils noch üblich ist, belegt werden, von diesem ihnen gegenüber gehegten Vorurteil zu befreien.

Als einen Parkbaum bezeichne ich nur solchen, der gar keine „nützliche" Eigenschaft hat, sich nur durch effektvolle Belaubung, oder durch Form und Farbe der Blätter auszeichnet. So sind alle die unzähligen Varietäten der Eiche, des Ahorns, der Ulme, der Linde u. s. w. Parkbäume. Die Blutbuche ist ein Parkbaum. Dagegen nicht die Platane und der Tulpenbaum, — wohl sind diese beiden im gewissen Sinne auch Parkbäume, — es schließt das aber nicht aus, daß beide auch Bäume sind, die für ihr wertvolles Holz im großen zur Holzerziehung zu kultivieren sind. Sie sind in dem Sinne „Parkbäume" gerade so wie die einzelstehende Kiefer und die hundertjährigen Eichen und Buchen, welche jedem Park zur größten Zierde gereichen und die man um keinen Preis als alleinstehende, wirkungsvolle Bäume — Zeugen langer Vergangenheit — vermissen möchte.

Die zu dieser Kategorie gehörigen Arten hätten eigentlich, wie schon erwähnt wurde, mit unter die forstlichen Versuchspflanzen vom Beginn der Versuche an, eingereiht werden sollen, denn trotz unserer langen Bekanntschaft mit ihnen, wissen wir von ihren waldbaulichen Eigenschaften beim Anbau im großen nur wenig, wir wissen nur, daß sie vollkommen bei uns naturalisiert sind, d. h. sich in unserem Klima in jeder Beziehung heimisch gemacht haben.

Unter die anbauwürdigen und sofort in ihre Reihe aufzunehmenden gehören:

die Akazie (Robinia pseudoacacia),
die Weymouthskiefer (Pinus Strobus),
die Weißfichte (Picea alba).

Für die Bepflanzung in den Dünen Jütlands und an anderen den Winden exponierten Seeküsten hat sich die Weißfichte seit vielen Jahren vorzüglich bewährt. Ferner gehört zu dieser Abteilung

Iuglans cinerea.

Wie Wangenheim schon ganz richtig bemerkte, wächst sie noch in kälteren Gegenden als Iuglans nigra. Auch dafür hat sie schon seit vielen Jahren in Europa den Beweis geliefert. In mächtigen Stämmen kommt sie noch in den russischen Ostseeprovinzen vor, reift dort ihre Nüsse, aus denen reichlich Nachzucht erzogen wird[1]. Ihre Kultur und alles, was mit dieser Art zusammenhängt, ist nicht anders als bei Iuglans nigra.

Nach Wangenheim nimmt sie mit geringerem Boden als Iuglans nigra vorlieb.

Sodann wünsche ich, — mich an die in Österreich unter die Versuchspflanzen aufgenommenen Arten anschließend, — auch bei uns aufgenommen zu sehen:

Liriodendron tulipifera,
Quercus palustris;

---

[1] A. von Sivers: Dendrologische Mitteilungen von der Kaiserlich livländischen gemeinnützigen und ökonomischen Sozietät. 1889. Dorpat.

nach dem Werke des belgischen Forstinspektors Houba eignet sich diese Eiche für minderwertige Boden, — ein sehr empfehlenswerter Baum.

Platanus occidentalis.

Im Septemberheft 1881 der Zeitschrift für Forst- und Jagdwesen sagt der Oberförster a. D. von Bernuth, als er seinen im Jahre 1841 in Jägerhof angelegten Versuchsgarten und das Verhalten der einzelnen Arten beschreibt:

„Die nordamerikanische Platane hat sich doch sehr gut entwickelt, und es ist eigentlich nicht zu begreifen, weshalb man diesen allgemein bekannten Baum nicht häufiger kultiviert und ihn meist nur in einzelnen Exemplaren antrifft, da die Platane sich sehr leicht erziehen läßt, schnell emporwächst, ein vortreffliches Bau-, Nutz-, Brenn- und Kohlenholz, überhaupt einen hohen Ertrag liefert und auch ein gutes Kopfholz gibt. Dabei ist sie in Rücksicht auf den Boden garnicht wählerisch, wenn derselbe nur nicht an Dürre und an Näße leidet."

Ich kann mich diesem Zeugnisse in jeder Beziehung anschließen, und empfehle ihre Aufnahme in die Reihe der forstlichen Versuchspflanzen.

Auch Gleditschia triacanthos, die sich ebenfalls unter den österreichischen Versuchspflanzen findet, empfiehlt der Oberförster von Bernuth (l. c. 1881).

„Schon vor mehr als 50 Jahren sind von mir sehr ansehnliche Gleditschien bei Berlin beobachtet. Sie liefern ein Holz von außerordentlicher Güte, welches von Tischlern, Holzschnitzern und Drechslern wegen seiner Härte und Zähigkeit sehr geschätzt wird."

Sie hat aber noch ein anderes Verdienst. In einer im Jahre 1898 erschienenen Zeitschrift findet sich die Beschreibung eines Amerikaners über die Aufforstung der Kecskemet-Heide in Ungarn. Es heißt darin in Bezug auf die Bepflanzung:

Interessant war die Beobachtung, daß zu diesem Zwecke nur zwei amerikanische Arten mit Erfolg Verwendung gefunden haben.

Die Akazie ist allgemein verwandt, aber auch die Gleditschia ist viel gebraucht. Sie bewährt sich als ein außerordentlich widerstandsfähiger Baum gegen Stürme. Sie ist nicht so brüchig wie die Akazie — und hat ein sehr großes Wurzelvermögen, welches ihr einen großen Halt gibt.

Dr. C. Bolle sagt in seinen Andeutungen der freiwilligen Baum- und Strauchvegetation in der Provinz Brandenburg über die Gleditschia: Bei uns sehr verbreitet und schon vor 1770 vorhanden, jetzt zumal ein Charakterbaum der Potsdamer Gegend. Sehr mächtige, wohl die ältesten der Mark, vielleicht durch Gleditsch selbst gepflanzt im Park zu Lebus.

Für diese acht Arten erbitte ich nachträglich das Zeugnis der Anbauwürdigkeit:

Picea alba,
Pinus Strobus,
Iuglans cinerea,
Robinia pseudoacacia,
Quercus palustris,
Gleditschia triacanthos,
Liriodendron tulipifera,
Platanus occidentalis.

Sodann mache ich den Vorschlag, daß man häufiger Forstleute auf Reisen schicke.

Der im vorigen Jahre verstorbene Oberforstrat Dr. von Fischbach sagt gelegentlich einer Besprechung der hochentwickelten dänischen Buchenwirtschaft gegenüber der deutschen: Die nachfolgenden historischen Rückblicke mögen in erster Linie dazu dienen, „die „geringe Empfänglichkeit der deutschen Forstpraktiker für Neue„rungen, auch wenn sie wohl erprobt sind, vor Augen zu führen. „(Die Ursachen dieser bedauerlichen Wahrnehmung darzulegen, „müssen wir uns jetzt versagen.)"

Daraus läßt sich auch ein gewisser Widerstand gegen das Reisen erklären, denn wenn man keine Neigung hat, auf Reisen gesehenes Neues bei sich einzuführen oder zu versuchen, wozu dann überhaupt reisen?

Wie eindringlich habe ich in Wort und Schrift seit einer Reihe von Jahren darum ersucht, meinen Beschreibungen über in anderen Ländern wachsende ausländische Holzarten Glauben zu schenken und die Richtigkeit meiner Aussagen zu prüfen.

Daraus hätte sich doch sofort ergeben müssen, daß ich ein unzuverlässiger und unwahrer Berichterstatter sei. Im anderen Falle aber würden sich meine Schilderungen als der Wahrheit gemäß erwiesen haben, und dann hätten ja entsprechende Maßregeln ergriffen werden können, — oder auch nicht. Denn wenn schon, wie Oberforstrat Dr. von Fischbach sagt, „auch dem Forstmann kein Gehör für Neuerungen geschenkt werde", so hätten, einem Nichtforstmann gegenüber, besonders günstige Umstände dazu gehört, etwa wie in der Bismarckschen Periode, — um diesen Berichten eine praktische Folge zu geben.

Man denke sich einmal, eine Forstbehörde hätte meinen vor länger als 25 Jahren gestellten dringenden Bitten Folge geleistet und eine Kommission nach England und Schottland gesandt, die unter meiner Führung, — so oft, aber leider immer vergeblich angeboten, — während 30 Tage nur, eine Reise gemacht hätte, deren Kosten, namentlich im Hinblick auf die Wichtigkeit des Gegenstandes, gar nicht in Betracht kommen können, und es hätte darauf ein preußischer Ministerialrat seinen Bericht veröffentlicht. Welchen Eindruck hätte das auf praktische Forstleute gemacht!

Und was ist hier zu sehen und zu lernen, — sagt doch selbst der Direktor des botanischen Gartens zu Kew bei der Eröffnung der Koniferen-Konferenz zu London vor 10 Jahren: „Kein Mensch könne „sich eine Vorstellung von der außerordentlichen Entwickelung der „Douglasfichte und anderer Koniferen in Schottland machen, ohne „sie selbst gesehen zu haben!" — Sind die späteren Reiseberichte des Forstmeisters und Professors Dr. Schwappach nicht eine Bestätigung all' dieser Tatsachen?

Oder ein anderes Beispiel. Man hätte einen Forstmann nach Ungarn geschickt, um die großartigen Aufforstungen der ungarischen Heiden und Tiefebenen zu besichtigen, namentlich das Verhalten derjenigen Arten zu studieren, mit denen dieses erfolgreiche Werk gelungen ist.

Welchen Wert hätte ein solcher Reisebericht, von einem praktischen Forstmann erstattet, in Bezug auf unsere eigenen Aufforstungen ausüben können! Namentlich hätte er sich persönlich an Ort und Stelle überzeugt, daß die mit der Akazie aufgeforstete „ungarische Tiefebene" nicht aus „kräftigem Buchenboden" besteht!

Und wenn ich noch ein drittes Beispiel nennen darf, warum wurde nicht schon längst einmal amtlich eine forstliche Kommission ausgesandt, um die Anlagen ausländischer Holzarten in Gadow, Scharfenberg und an anderen Orten zu besichtigen, um danach festzustellen, ob Nachahmungswertes für die Staatsforsten an diesen Orten zu finden sei. Nicht das genügt, daß einzelne eine solche Anlage besichtigen und günstig oder ungünstig über sie berichten, sondern daß jene von amtlich dazu bestellten Persönlichkeiten beurteilt und dann eventuell entsprechende Maßregeln ergriffen werden.

Hat die Reise des zur Ausstellung nach Chicago gesandten Forstmeisters — dessen Bericht viel günstiges meldete — auch nur das geringste für unsere Forstwirtschaft gezeitigt? Und die Aussendung eines forstlichen Attachés an die Botschaft zu Washington? Gewiß hat der Betreffende seinen Instruktionen gemäß gehandelt, — aber nur uns schon bekanntes statistisches Material geliefert.

Phot. Linckhorst, Grunewald.

Chamaecyparis Lawsoniana im Grunewald.

25 jähriger Bestand.

25jährige Douglasfichten im Grunewald.

15 m hoch — (im Hintergrunde 80jährige Kiefern, ca. 18 m hoch).

Nordwestamerikanische und japanische Nadelhölzer im Grunewald.

Das Holz der Douglasfichte.[1])

(Red oder Yellow Fir.)

Professor Sargent[2]) sagt, daß die verschiedenen Qualitäten der roten und gelben Douglasfichten nur auf Altersunterschiede, Lokalität und Bodenverhältnisse beruhen. Mit ihm stimmen die Erfahrungen eines Mannes überein, der viele Jahre in verschiedenen Teilen Nord-Amerikas ansässig gewesen ist, eines Deutschen, über dessen eigenartige scharfe Beobachtungsgabe und mannigfaltige eigene Erfahrung kein Zweifel obwaltet, — es ist dies der 1888 verstorbene Heinrich Semler. Die Besprechungen über das nach seinem Tode erschienene Buch „Tropische und Nordamerikanische Waldwirtschaft und Holzkunde"[3]) rühmen die besonderen Eigenschaften des Verfassers; und so müssen wir denn in der Tat dem lange Jahre in den betreffenden Gegenden ansässig gewesenen deutschen Landsmanne ein zutreffendes Urteil einräumen, soweit dieses bei einem so ausgedehnten Landkomplexe wie Nordamerika sich überhaupt gewinnen läßt.

Semler sagt: „Bei der Aufmerksamkeit, welche man in „der Neuzeit diesem Baume im Auslande, namentlich in Deutsch„land geschenkt hat, glaube ich scharf betonen zu sollen, daß sein

---

[1]) Aus dem Artikel „Die Naturalisation der Douglasfichte". Zeitschrift für Jagd- und Forstwesen, Januar-Heft 1890.

[2]) Report on the Forests of North America by Charles S. Sargent. Washington. Government Office 1884. 612 S. mit Atlas 16 gr. Karten; — auch Dr. A. Petermanns Mitteilungen, 32. Bd. 1886. VIII. Die Wälder Nord-Amerikas nach Sargent. S. 238 ff.

[3]) Biographie im Hamburgischen Korrespondenten, 16. Juli 1888. Forstliche Blätter von Borggreve, Januar-Heft 1889. Allg. Forst- und Jagdzeitschrift von Danckelmann, Juni 1889.

„Holz ungewöhnlich große Abweichungen in der Qualität zeigt. „Von einem Baume, der, wie die Douglasfichte, an der Meeres„gleiche bis zu Erhebungen von 3000 m vorkommt, der sich dem „feuchten Küstenklima anbequemt und die bitterstrengen Winter im „Felsengebirge überdauert, der im heißen regenarmen Arizona und „im sprichwörtlich regenreichen Oregon wohnt, wird man kein Holz „gleicher Qualität erwarten, aber auffallend ist die Er„scheinung, daß da, wo die Douglasfichte ihre **größte Ent„wickelung** erreicht, im westlichen Washington, namentlich „in der Umgebung des Pugetsundes, wo sie große zu„sammenhängende Wälder bildet, bedeutende Qualitäts„abweichungen beobachtet werden."

Sehr richtig sagt Semler sodann: „Wie noch so vieles „im Wesen der nordamerikanischen Waldbäume zu erklären ist, so „auch diese Erscheinung, welches im Auge zu behalten man im „Auslande wohl tun wird, damit man bei Einführungsversuchen „diesen Baum nicht voreilig verurteilt."

Und weiter: „Wir sollen zu ermitteln suchen, auf welchem „Boden sie das beste Holz liefert, in ihrer Heimat bequemt sie „sich, außer dem Sumpfe, jedem Boden an, aber es ist noch fest„zustellen, auf welchem das Holz erster Qualität wird." Damit kann man ganz einverstanden sein, aber niemals darf das uns verhindern, nach den bereits in Europa gewonnenen Erfahrungen das Resultat solcher Untersuchungen erst abzuwarten. Sind wir denn bei dem Anbau der Kiefer so ängstlich, die ein noch viel größeres Verbreitungsgebiet als die Douglasfichte hat, und haben wir etwa schon bei diesem einheimischen Baum solche Untersuchungen über die verschiedenen Qualitäten des in Sibirien und in Frankreich gewachsenen Holzes angestellt? Eine ganz ähnliche Erscheinung haben wir bei der Buche. In einem Artikel „Zur Buchenschwellenfrage" vom hessischen Forstassessor Ohnacker[1]) heißt es S. 128: „Die 69 % der Gesamtwaldfläche der Provinz Ober„hessen betragenden Buchenstämme des Vogelberges gedeihen auf

[1]) Allg. Forst- und Jagdzeitung 1889, April-Heft.

„dem Verwitterungsboden des Basaltes in vorzüglicher Weise, zeigen „jedoch häufig das Auftreten des sog. roten Kernes. Über dessen „Entstehungsursache sind die mannigfaltigsten Ansichten laut ge„worden, es konnte jedoch eine absolut sichere Erklärung hierfür „bis jetzt noch nicht gegeben werden. Sein Auftreten ist ganz „unberechenbar; es gibt Bestände, die fast nur helles Holz haben, „während auf benachbarten Flächen unter denselben Verhältnissen „meist rotes Holz anfällt, so daß weder Alter, Lage, Boden„beschaffenheit noch sonstige eingreifende Momente irgend welche „Anhaltspunkte für die Beurteilung dieser Erscheinung geben." Auch wird mir aus Hessen berichtet, daß helles Buchenholz besseren Preis als rotes erzielte.

Der Erklärung des Professor Hartig, daß der rote Kern stets pathologischen Ursprungs sei und von Ast- oder Wurzelverletzungen herrühre, darf ich als Laie eigentlich nicht widersprechen, ich gestatte mir aber, darauf hinzuweisen, daß eine solche Wurzelverletzung wohl an einzelnen Bäumen vorkommen kann, daß es mir aber höchst unwahrscheinlich erscheinen muß, daß ganze Bestände davon heimgesucht werden sollen. Fernere Untersuchungen sind gewiß sehr wünschenswert und nützlich, aber bei den tatsächlichen Erfahrungen, welche wir bereits von manchen der ausländischen Arten besitzen, brauchen wir die Vorsichtsmaßregeln doch nicht weiter auszudehnen, als bei dem Anbau einer einheimischen Art, von der wir in diesem Punkte ebenfalls ungenügende Kenntnis besitzen, wie so viele mißglückte Kulturen und recht untergeordnete Holzqualitäten beweisen.

Dem Professor Meehan in Philadelphia, Botaniker der landwirtschaftlichen Abteilung im Staate Pennsylvanien, hatte ich eine Anfrage wegen dieser Holzqualitäten gestellt, er antwortet darauf:

„Die Qualität des Holzes festzustellen ist schwierig, da keine „Ansiedler lange genug dort gewesen sind, um schon etwas über „die Dauerhaftigkeit sagen zu können. Meine Erfahrung ist zwar „eine ausgedehnte, aber ich fühle mich nicht im stande, jetzt schon „etwas ganz Positives über diese Frage zu äußern."

„Ich habe seit länger als zwanzig Jahren die Distrikte, wo „die in Frage stehenden Arten wachsen, bereist, und niemals habe „ich von irgend jemandem den geringsten Verdacht laut werden „gehört, daß zwischen der roten und gelben Douglasfichte irgend „ein Unterschied hinsichtlich der Dauerhaftigkeit des Holzes „bestände."

„Die Rocky-Mountain-Douglasfichte hat den Vorteil, daß „man bereits Erfahrungen über das Holz sammeln konnte. Es „ist schon seit dreißig Jahren in den angebauteren Teilen Colorados „mannigfach zur Anwendung gekommen und wird als Holz ersten „Ranges geschätzt. Als ich 1871 und 1873 einige Wochen lang „jene Regionen bereiste, wurde das Holz mit Vorliebe zu Gruben-„hölzern und zu Eisenbahnschwellen verwendet. Das Holz war „hier meistens rot, aber es war ein Holz ersten Ranges! „Ich glaube auch, daß in der Regel das Holz in den niederen „Küstenländern des Pacific heller ist, als in den höheren Gegenden „der Rocky- oder Wahsatch-Ranges. Jedesmal, daß ich unter „Douglasholzleuten" den Gegenstand des roten, gelben und „weißen Holzes erörtern hörte, wurde die Eigenschaft des ver-„schiedenfarbigen Holzes immer als eine vorübergehende an-„gesehen, man meinte, daß die eine Art ohne Unterschied Sämlinge „irgend einer anderen Art (in Bezug auf die Farbe des Holzes) „hervorbringen würde."

„Ich räume ein, daß es nicht nur zwei, sondern mehr als „zwei Arten von Douglasfichten gibt. Es sind deren mindestens „drei an der Pazifikküste, während die der Rocky-Mountains eine „ganz besondere für sich bildet. Sobald man von dieser einen „größeren Bestand sieht, kann man sagen, daß ein gewisser Unter-„schied existiert. Aber dieser ist nicht derart, daß ein Botaniker „irgend etwas daraus machen könnte."

„Diese Tatsache bedeutet indessen, wegen der zukünftigen Ent-„wickelung der Douglasfichte im deutschen Walde, nichts, denn die „Rocky-Mountains, welche bisweilen als die große Heimat der „roten oder untergeordneten Douglasfichte angesehen sind, „werden nicht von Samensammlern in irgend welcher Ausdehnung

„besucht. Diese Samen können schon deshalb nicht wegen ihres höheren „Preises als Konkurrent auftreten, weil die Indianer der Pazifik-„küste für Lohn arbeiten, und der Sammler in den abgelegenen „Plätzen Hilfe bekommen kann, dagegen die Indianer der Rocky-„Mountains und der Nevada-Regionen mit dem weißen Manne „nicht zusammen arbeiten, und der Sammler nur das, was er mit „eigener Hand oder mit Gehilfen, die er mit sich nimmt, sammeln „kann. Jedenfalls entstammt fast alles von Amerika nach Europa „gesandte Material von Regionen, die das beste Holz liefern. Ich „muß stark bezweifeln, daß jemals Samen aus den sogenannten „rötlichen Holzregionen verschickt worden ist. Zum Schlusse fasse „ich meine Ansicht dahin zusammen, daß

1. „nach meiner Meinung, die auf vieler Erfahrung beruht, „bisher keine Beweise für die Beständigkeit der Farbe des „Holzes irgend einer Art vorliegen;
2. „nach meinen Erfahrungen bei keiner Art ein Unterschied „in der Dauerhaftigkeit des Holzes existiert, und
3. „entstammen beinahe alle Pflanzungen der Douglasfichte in „der alten Welt aus Samen derjenigen Gegenden, welche „als die das beste Holz produzierenden bekannt sind."

Soweit Professor Meehan.

Zweifellos nach allen Berichten haben wir es bei der Douglasfichte mit verschiedenen Holzqualitäten zu tun, — genau wie bei unserer Kiefer und bei allen anderen einheimischen Waldbäumen, — ob es, was alle amerikanischen Autoritäten verneinen, wirklich zwei Arten giebt, lassen wir ganz dahingestellt, mögen weitere Untersuchungen im Laufe der Zeit Licht in diese Frage bringen. Uns bleibt vorläufig nichts anderes übrig, als nunmehr das in Europa erwachsene Holz der Douglasfichte auf ihren Wert zu prüfen.

Dieses hat sich in den wenigen Fällen, wo hier erwachsenes Holz hat untersucht werden können, als „rotkernig" erwiesen.

„Schön bräunlichrot von der Farbe des Lärchenkernholzes," sagt Dr. Mayr von dem untersuchten Holz meines Originalbaumes (1882).

Fast dasselbe schreibt Professor Robert Hartig von dem hier erwachsenen Holze, welches von 25jährigen Bäumen stammte, die aus Samen meines Originalbaumes entstanden waren.

Der Forstmeister des Lord Mansfield zu Scone Palace in Schottland übersandte mir seinerzeit einen Stammabschnitt aus einem Douglasbestand, der 1887 durchforstet wurde, — ca. 50 Jahre alt, — mit demselben schönen rötlich-braunen Kernholz, wie die Lärche, und wie der vom ersten Flottbeker Exemplar. Wenn man nun auch die in Scone Palace aus Douglas' erster Samensendung erzogenen Bäume nicht zur Untersuchung hat fällen wollen, so läßt sich mit Sicherheit schließen, daß sie wie der Flottbeker Baum rot sein müssen, da die Nachkommenschaft dieser großen Bäume auch sämtlich rotes Kernholz zeigte. Auf öffentlicher Auktion wurde dieses durchforstete Material verkauft und erzielte 1 Shilling (= 1 Mark) pro Kubikfuß; die starken Bäume enthielten 27 Kubikfuß, macht also, da seit der Bestandesgründung ca. 27 Jahre verflossen waren, einen Kubikfuß pro Jahr = 27 Mark. Diese Notizen verdanke ich dem dortigen Forstmeister, der noch hinzufügt: „Sie verkauften sich gut, die größeren „sogar besser als Lärchen, jedenfalls weit besser, als eine Lärche „von demselben Alter. Um einen Vergleich zwischen Lärche und „Douglasfichte zu machen, habe ich zwei Douglasfichten genau ge„messen, sie enthielten 27½, und 32½ Kubikfuß, während die „stärkste Lärche in einer gleichaltrigen benachbarten Pflanzung nur „12 Kubikfuß enthielt, eine gute Leistung für eine Lärche in hie„siger Gegend." Also kann man nach dem erzielten Resultat auf der Holzauktion sagen, daß die Douglasfichte das Doppelte wie die Lärche brachte.

Zum Schluß erwähne ich noch den berühmtesten Baum aus derselben Provenienz, den beim Lord Grenville zu Dropmore in der Nähe von London, 124 Fuß hoch mit einem Durchmesser von fünf Fuß. Auch diesen Baum habe ich wiederholt in Augenschein genommen, zuletzt 1892. Man muß unter dem Eindruck dieses monumentalen Baumes gestanden haben, man muß die gewaltige Masse des Stammes bewundert haben, um sich annähernd

Douglasfichte, erzogen 1872 aus San

Versuchsstation Sülldorf (Pr

em Original-Exemplar (1828) zu Flottbek.

in) 1895. Kiefernboden IV. Klasse.

Kiefer. Stammstück auf 1 Meter Höhe.

Natürliche Grösse. 37 Jahresringe nach Hartig.

Versuchsstation Süllc

)ouglasfichte. Stammstück auf 1 Meter Höhe.

Natürliche Grösse. 25 Jahresringe nach Hartig.

Holstein). Kiefernboden IV. Klasse.

eine Vorstellung machen zu können, wie diese 2—300 füßigen Waldbäume des nordwestlichen Amerikas ausschauen mögen. Dieser Baum, wohl der interessanteste, den ich kenne, auch dieser muß zweifellos rotes Kernholz haben, da er aus derselben Quelle wie die vorher genannten stammt.

Mit Sicherheit ist aber der Nachweis zu führen, daß im Lauf der Jahre Samen der Douglasfichte aus noch vielen anderen Gegenden, als aus den von Douglas bereisten, nach Deutschland gekommen ist. Es ist daher nicht ausgeschlossen, daß hieraus Bäume erwachsen sind, die sich einmal als „yellow fir" mit gelbem Kern erweisen könnten, — und daß dann ähnliche Verschiedenheiten in der Beurteilung entstehen würden, wie soeben erwähnt bei der Buche mit rotem und gelbem Kernholz, wo ersteres billigere Preise als das letztere erzielen soll. Ich habe deshalb ganz besonders auf diese „rotbraune" Eigenschaft des Holzes hinweisen zu müssen geglaubt, — da gleichzeitig mit dieser sich, nach einstimmigem Urteil aller Sachverständigen, andere vorzügliche Eigenschaften vereinigen, um aus dem Holz dieses Baumes ein solches ersten Ranges zu machen.

Da sich nun die aus dem ersten von Douglas gesandten Samen erzogenen Bäume zu majestätischen Exemplaren entwickelt haben, da ferner aus der bereits in Europa von diesen Bäumen erzielten Nachkommenschaft in verhältnismäßig sehr kurzer Zeit Hölzer erzogen wurden, für die man Lärchenholzpreise gezahlt hat, so ist es meines Erachtens doch sehr wünschenswert, einmal genau festzustellen, wo Douglas gereist ist, und wo er denn eigentlich gesammelt hat.

Ich gebe in gedrängter Kürze aus dem von Sir W. J. Hooker, wie schon erwähnt, 1836 herausgegebenen Tagebuche einige darauf bezügliche Mitteilungen. Abgesehen davon, daß die von Douglas gegangenen Wege genau aufgezeichnet sind, bemerke ich beiläufig, daß er weder die östlichen Abhänge der Rocky-Mountains noch diese überhaupt, soweit sie jetzt für uns in Betracht kommen, noch Colorado (damals überhaupt noch unbekannt und als solches noch garnicht existierend) gekannt hat.

Colorado wurde erst im Jahre 1862 von Dr. Parry bereist und die ältesten der aus den dort geernteten Samen im östlichen Amerika erzogenen Pflanzen, welche dort winterhart sind, sind jetzt kaum 40′ hoch. Daß die von Douglas an der Westküste gesammelten Samen für Deutschland widerstandsfähige Bäume lieferten, daß solche Qualitäten aber im östlichen Amerika nicht vorkommen, habe ich zwar schon früher erwähnt, es ist aber nicht überflüssig, dieses noch einmal hier ausdrücklich hervorzuheben.

Nach fast neunmonatlicher Fahrt landet er am Columbiafluß den 9. April 1825, geht zuerst bei Cap Disappointment ans Land, um sich alsdann, ungefähr 90 Meilen weit, ins Fort Vancouver (Washington) zu begeben, — damals noch ein Fort, findet es sich jetzt auf den Karten als Ort Vancouver. Der Columbiafluß bildet ziemlich die Grenze zwischen Washington und Oregon. Während Fort Vancouver sein Hauptquartier bleibt, macht Douglas monatelange botanische Exkursionen und entdeckt eine Menge Pflanzen, die heute zu den bekanntesten unserer Gärten zählen, Ribes sanguineum, Mahonia Aquifolium, Spiraea ariaefolia u. s. w. Am 19. August 1825 fährt er den Multnomak, einen der südlichen Nebenflüsse des Columbia hinab, findet bei seinen Indianern in deren Tabaksbeuteln die großen Samen einer Kiefer, welche sie wie Nüsse essen, läßt sich dorthin führen und entdeckt auf den Bergen etwas südlich Pinus Lambertiana. Er durchforscht weiter die Berge südlich vom Columbiaflusse (Oregon) und findet nach fünfzehnstündigem Aufstieg Pinus nobilis und P. amabilis — damals wurde alles Pinus genannt. Am 13. Oktober ist er wieder in Vancouver.

Im Jahre 1826 verlegt er sein Standquartier bei Fort Colville nach den Kettle-Falls im nördlichen Washington, — er schreibt vom Spokanflusse am 9. März 1826, und von Priests-Rapid am 1. April, und auf der Grenze zwischen Washington und Oregon in Walla-Walla finden wir ihn am 7. Juni.

Nach monatelanger Abwesenheit ist er am 5. August 1826 wieder bei den Kettle-Falls in Washington, ungefähr 48° N. B.

Er wendet sich jetzt dem Süden d. h. nach Oregon zu, um am Umpqua-Fluß (44° N. B.) Samen von Pinus Lambertiana zu sammeln, es sollen dort große Wälder sein, wie ihm berichtet ist. Am 31. August ist er in Vancouver. Dann finden wir eine summarische Notiz vom 2. bis 15. September: „legte Exemplare von „Pinus taxifolia (Douglas' erste Bezeichnung für Abies Dou„glasii) ein, mit schönen Zapfen." Den genauen Fundort vermissen wir. Am 27. September geht er nach Westen der Küste zu, am 16. Oktober ist er am Umpqua-Fluß, kaum 30 Meilen vom Ozean, und am 27. Oktober findet er Pinus Lambertiana von 57' Umfang, 245' hoch[1])! Am 8. November ist er wieder in Fort Vancouver, geht noch einmal an die Küste, um zu sammeln, kehrt erfolglos nach dem Fort zurück, bleibt dort bis zum 6. März, geht zum dritten Male an die Küste, wo es infolge schlechten Wetters wieder erfolglos ist, und verläßt Fort Vancouver am 20. März 1827, geht über Land (Kettle-Falls — Fort Edminton am Saskatchewan — Winipeg) nach der Hudsonsbay und schifft sich von dort am 15. September 1827 nach England ein, wo er 11. Oktober 1827 eintraf..

Da er am 31. August in Fort Vancouver anlangte und bereits am 1. September laut Tagebuch sagt, daß er seine Kisten mit dem an diesem Tage nach England abgehenden Schiffe an Bord schickte, so ist nach der Aufzeichnung vom 2. bis 15. September: „legte Exemplare von Pinus taxifolia mit schönen Zapfen ein" — anzunehmen, daß er diese nach Abgang seiner Sammlungen aus dem nördlichen Washington, — nur noch im südlichen Washington an der Grenze von Oregon gefunden haben muß, — und bis zum Beweise des Gegenteiles stelle ich auf Grund der Douglasschen Tagebücher die Tatsache fest, daß die vorher von mir beschriebenen Exemplare vom Jahre 1826 von dem bei Vancouver an der Grenze von Oregon gesammelten Samen stammen müssen.

[1]) Humboldt, Ansichten der Natur. 1849. II. Bd. S. 198. P. Lambertiana. 210—220'.

Denkschrift für den Fürsten Bismarck betreffend die historische Entwickelung der Einführung ausländischer Holzarten in Deutschland, Frankreich und England in Bezug auf ihren forstlichen Anbau in Deutschland.

(1880.)

Euer Durchlaucht

gestatte ich mir, in möglichster Kürze, unbeschadet der Übersichtlichkeit, die geschichtliche Entwickelung der Einführung nordamerikanischer Holzarten darzustellen.

Bis ums Jahr 1600 lassen sich die Spuren der Pflanzeneinführungen aus Kanada, welches Frankreich zu Anfang des Jahrhunderts in Besitz genommen hatte, verfolgen. Michaux sagt in seiner Histoire des arbres forestiers de l'Amérique septentrionale, daß wir Jean Robin, botaniste français, die Einführung der Akazie verdanken, „qui le cultiva **en grand,** sous le règne de Henri IV. vers l'an 1601".

Der Sohn, Vespasien Robin, botaniste du Roy, pflanzte ums Jahr 1636 unter Louis XIII. die noch als Ruine im Jardin des plantes zu Paris sich befindende Robinia pseudoacacia. Linné benannte diesen beiden zu Ehren die Akazie Robinia. Es ist anzunehmen, daß die Franzosen in diesem Jahrhundert nicht nur die aus ihrer Provinz Kanada stammenden Bäume pflanzten, sondern auch die aus dem benachbarten Virginien, diesem von den Engländern ebenfalls zu Anfang des Jahrhunderts annektierten Lande.

Der Gartenkunst, welche unter dem prachtliebenden Louis XIV. durch großartige Bauten und Anlagen in Versailles, St. Cloud, Fontainebleau ꝛc. ꝛc. einen großen Aufschwung genommen hatte, kamen diese Einführungen sehr zu statten, und dem Schöpfer dieser großartigen Parks, Le Nôtre, konnte alles erwünscht sein, was seinen Anlagen durch Mannigfaltigkeit in Bezug auf Form und Farbe neue Reize zu geben vermochte. Welche bisher unbekannte Wirkungen waren z. B. durch Anpflanzungen der amerikanischen Eichen mit ihren prächtigen Herbstfärbungen zu erzielen.

Daß auch die Großen des Landes diesem Beispiel folgten, darf wohl mit Sicherheit angenommen werden, da ein Jahrhundert später eine ganze Anzahl namhaft gemachter derartiger Pflanzungen existierten.

Genug, es muß vieles unter diesen Einführungen sich sehr gut entwickelt haben, denn im Jahre 1721 — also rund 100 Jahre nach den ersten Einführungen, — legte Réaumur der Académie des Sciences eine Denkschrift vor, in der er auf diese günstige Entwickelung so mancher in Frankreich gedeihender ausländischer Arten hinwies und dabei die Frage aufwarf, ob hierunter nicht welche zum Anbau im großen sich eignen möchten. Ohne gerade etwas Bestimmtes über den weiteren Einfluß durch diese Denkschrift zu hören, sehen wir, wie diese Anpflanzungen ein immer reger werdendes Interesse wachrufen und immer mehr Anhänger gewinnen. Eine große offizielle Betätigung tritt uns zum ersten Male entgegen, als Duhamel du Monceau im Jahre 1755 seinen Traité des arbres et arbustes veröffentlicht.

Dieses Werk war s. Zt. epochemachend und wurde auch ins Deutsche übersetzt. Duhamel, ein wissenschaftlich gebildeter Mann, hatte sowohl die auf seiner eigenen Besitzung vor Jahren gepflanzten ausländischen Arten, als auch jene bei anderen Edelleuten, die er in der Vorrede zu seinem Buch namhaft macht, genau studiert. Er war Generalinspektor der Marine und sein Minister war so von der Wichtigkeit dieser Sache überzeugt, daß er nach dem interessanten Vorwort darauf dringt, Duhamel solle dieses Buch möglichst bald vollenden, die darauf bezüglichen Arbeiten solle er allen seinen sonstigen Pflichten vorangehen lassen, denn diese Hölzer seien nützlich für die Marine, nützlich für den Waldbesitzer zum Anbau im großen und nützlich, um Holz für Kunst und Handwerk, welche in sehr großen Quantitäten Holz verbrauchten, zu gewinnen. Es ist wirklich ein Genuß, in diesem Werke sich an den gesunden, weitherzigen Ideen zu erfreuen.

Aber auch noch weiter stehen diese Bestrebungen in offizieller Gunst. André Michaux und später sein Sohn François André haben zusammen im Auftrag ihrer Regierung fast 30 Jahre in Nordamerika gelebt, um an Ort und Stelle diese Bäume, deren Wert man in Frankreich kennen gelernt hatte, zu studieren. Abgesehen von anderen Publikationen, die teils mit Titeln versehen sind, aus denen die offizielle Teilnahme geschlossen werden darf (z. B. Sous les auspices du Ministre de l'Intérieur, Mr. Chaptal u. s. w.), erscheint im Jahre 1810/11 das große Werk: Histoire des arbres forestiers de l'Amérique septentrionale par François André Michaux, mit unübertroffenen Illustrationen in 24 Lieferungen.

Das Buch ist dem damaligen Finanzminister Herzog von Gaëta gewidmet.

In seiner Widmung sagt Michaux: „Die großen Samen„mengen, welche ich während meines langen Aufenthaltes in Nord„amerika gesammelt und an die französische Forstdirektion einge„sandt habe, würden diese in den Stand setzen, die Wälder des „Kaiserreiches mit wahrhaft kostbaren Bäumen zu bereichern, und „späteren Jahrhunderten den Beweis der klugen Voraussicht des „Ministers liefern".

Ich will den Gang der Erzählung nicht mit eigenen Reflexionen unterbrechen und nur berichten, daß in Frankreich an vielen Stellen einzelne ausländische Arten sich wohl noch finden mögen, daß aber von allem, was seit 2 Jahrhunderten von 1600—1800 regierungsseitig aufs liberalste gefördert worden war und was sich als vollkommen anbaufähig und anbauwürdig erwiesen hatte, vor den Augen der Forstleute aber keine Gnade gefunden haben muß, daß alles dieses, wie Alphonse Lavallée in seinem Buche

„Arboretum Segrezianum" 1877 sagt: „verschwunden ist, mit den Besitzern, ohne Hinterlassung einer Spur".

Aus England ist verhältnismäßig wenig zu berichten, obgleich auch hier wie in Frankreich vielfach von Großgrundbesitzern die ausländischen Arten angepflanzt sein werden. Die sehr großen hundertjährigen Laubhölzer, wie Tulpenbaum, schwarze Walnuß u. s. w., legen noch heute Zeugnis dafür ab. Besonders zu erwähnen ist der Bischof von London, der, selbst ein großer Botaniker, mit vielem Interesse die nordamerikanischen Gehölze in den großen Gärten seines Bischofssitzes Fulham Palace bei London anpflanzte. Er hatte eine damals berühmte Sammlung, von der heute noch manche über 200 Jahre alte Bäume am Leben sind.

Interessant für die seit historischen Zeiten stattgefundenen Pflanzenwanderungen, nicht nur der nordamerikanischen, sondern fast aller unserer Obstbäume u. s. w. aus dem Orient, sind die von dem damaligen Professor Aiton, Direktor des botanischen Gartens zu Kew, zusammengestellten Jahreszahlen des Eintritts einer Art nach England.

Diese Zahlen sind selbst unter vorsichtiger Berücksichtigung aller Umstände teilweise doch nur Mutmaßungen, — sie sind aber in mehr als einer Beziehung äußerst interessant, so z. B. finden wir die Akazie, die Robin bereits in Paris „en grand" im Jahre 1601 kultivierte, erst 1640 in England eingeführt. Diese Zusammenstellung führt den Namen „Hortus Kewensis" und geht bis aufs Jahr 1548 zurück.

Euer Durchlaucht erlaube ich mir, in Bezug hierauf, hinweisen zu dürfen auf S. 49—55 meiner 1882 erschienenen „Naturalisation".

Ganz anders gestaltete sich diese Entwickelung in Deutschland. Ungefähr um 1750 mögen die ersten größeren Anpflanzungen bei Friedrich August von Veltheim in Harbke und Otto von Münchhausen in Schwöbber entstanden sein, denn 1782 berichtet Hirschfeld in seiner „Theorie der Gartenkunst" über die damals wohl 25 Jahre alten Pflanzungen: „Wahrscheinlich haben wir daraus „für die Forstkunde noch Erweiterungen zu erfahren . . ."

1772 und 1800 erschienen die Schriften des Botanikers und Arztes **du Roi**, der eine Zeit lang Vorsteher des Gartens in Harbke war, — vorzügliche Beschreibungen mit hier gemachten Erfahrungen.

Gleichzeitig — auch 1772 — erschienen einige der forstlichen Werke des später zum Oberforstmeister der Kurmark Brandenburg und Geheimrat avancierten Aug. Ludwig von Burgsdorf, der bei den heutigen Forstleuten im großen und ganzen im Rufe steht, ein Gründer und Schwindler gewesen zu sein, der sich durch den Verkauf seiner ausländischen Holzarten bereichern wollte. Es scheint das auch damals schon, ganz so wie heute, ein beliebtes Mittel gewesen zu sein, eine der Opposition unliebsame Neuerung von vorneherein durch solche Motive zu diskreditieren. Das eine Zeugnis seines Zeitgenossen — Wangenheim — gilt mir indessen mehr; wenn dieser ausgezeichnete Mann, Burgsdorf ... „meinen durch seine Schriften bekannten unverdrossenen und würdigen Freund" nennt, „der eine der ansehnlichsten Pflanzungen nordamerikanischer Holzarten in Deutschland aufzuweisen, in Tegel bei Berlin auf Königl. Befehl und Unterstützung angelegt hat." „Hierdurch werden **meine** auf Erfahrungen gegründeten Sätze Sachverständigen begreiflicher", — so sagt mir das mehr, als die Aussprüche einer damals wie auch heute noch gegen alles Neue eifernden Opposition! —

Wie alle neuen Ideen von einer Seite übertrieben werden und in derselben Weise von anderer Seite einer ebensolchen Abneigung begegnen, so auch hier. Überschwengliche Schriften für den Anbau der Akazie ließen Warnungen gegen den Anbau erstehen — darüber geben die Literaturberichte aus der zweiten Hälfte des 18. Jahrhunderts Aufschluß.

Epochemachend, wie in Frankreich Duhamels Traité, erschien in Göttingen im Jahre 1787, nachdem schon 1781 eine kleinere Schrift vorausgegangen und gut aufgenommen war, Friedrich Adam Julius von Wangenheims „Beytrag zur teutschen holz„gerechten Forstwissenschaft, die Anpflanzung nordamerikanischer „Holzarten mit Anwendung auf teutsche Forsten, betreffend." Er war Kapitän beim Hochfürstlich hessischen Feldjäger-Korps, welches sein geldbedürftiger Landesherr, unrühmlichen Angedenkens, an die englische Regierung verkauft hatte, um gegen die sich vom englischen Joch frei machen wollenden Amerikaner zu kämpfen.

Wenn auch Wangenheim bald darauf, 1789, eine Anstellung als Oberforstmeister in Gumbinnen erhielt, wo er auch starb, so war er doch weit davon entfernt, ein Forstmann im heutigen Sinne des Wortes zu sein. Bernhardt in seiner Forstgeschichte sagt von ihm „technisch ohne alle Kenntnis", — und deshalb wohl hat, mit wenigen Ausnahmen, die ganze forstliche Hierarchie seit 115 Jahren auch heute noch den Inhalt dieses klassischen Buches über die Einbürgerung nordamerikanischer Holzarten in unseren Forsten als eine ganz untergeordnete Leistung weit von sich gewiesen. Ich habe in meinem Leben nur wenige kennen gelernt, die von diesem Buche irgend eine Kenntnis gehabt hätten.

Bernhardt sagt weiter von ihm: er gehörte jedenfalls nicht zu den unfähigsten oberen Forstbeamten jener Zeit. Mag dieses zweifelhafte Lob an sich auch richtig sein, so muß Wangenheim forstbotanisch als klassischer Schriftsteller hingestellt werden, gerade weil die inzwischen gemachten Erfahrungen ihm in jeder Weise Recht gegeben haben, — es ist Pflicht, dieses anzuerkennen und diesen Mann in seiner Bedeutung aus der Vergessenheit hervorzuziehen. Das Buch hat einen ganz unzweifelhaften Wert, denn sein Inhalt beruht auf eigenster Beobachtung und Erfahrung, welche der Autor jahrelang in Amerika zu sammeln Gelegenheit gefunden, es ist dasselbe in der Anordnung, Zusammenstellung, in der Bearbeitung des Stoffes klar, übersichtlich und mustergültig in jeder Beziehung, und geschrieben wie nur derjenige zu schreiben vermag, der aus eigenster Erfahrung und vollster Überzeugung darstellt.

Über Wangenheims Persönlichkeit und die „Einleitung" seines Buches werde ich mir erlauben, Euerer Durchlaucht gelegentlich im mündlichen Vortrag zu berichten.

Fast alles, was Wangenheim von großen Gesichtspunkten aus über das Klima, welches für uns hauptsächlich in Betracht kommt, zwischen den 39. und 45. nördlichen Breitengraden, sagt, daß das deutsche mit dem amerikanischen Klima ziemlich gleich sei, hat sich alles an dem Wachstum der wertvollen Laubhölzer vollkommen bestätigt, denn fast alle sind mit großem Erfolg in den innerhalb dieser Breitengrade liegenden Ländern Europas naturalisiert worden.

Außerdem haben seit 1750 in Deutschland manche Großgrundbesitzer an vielen Orten in ihren Parks und Gärten diese ausländischen Arten gepflanzt. Namentlich aber die sehr zahlreichen kleinen deutschen Fürsten, die alle in dem Bestreben wetteiferten, ihrem Hofe den Anschein eines kleinen Versailles zu geben, bei denen es zum guten Ton gehörte, jede französische Mode nachzuahmen, sie blieben auch in Bezug auf Garten- und Parkanlagen nicht zurück. Daher finden wir heute kaum einen alten Schloßgarten oder eine Parkanlage aus damaliger Zeit, sowohl in Nord- und Mitteldeutschland, ganz besonders aber in Süddeutschland, welcher nicht mehr oder minder prächtige Exemplare der nordamerikanischen Holzarten aufwiese, oft allein übrig geblieben als Zeugen längst verschwundener Herrlichkeit, inmitten verfallener Wasserkünste und verstümmelter Statuen.

Ganz besonders erwähnt sei hier Wörlitz; manche solcher Anlagen gibt es, wenn auch kleinere, wo der Schöpfer nicht der Mode folgte, sondern Liebe zur Sache hatte und die bis auf den heutigen Tag sorgfältig unterhalten werden.

Sehr zahlreich sind diese Arten in Belgien vertreten, wo der französische Einfluß noch mehr sich geltend machte, namentlich durch die 20jährige Inkorporation Belgiens zu Ende des 18. und zu Anfang des vorigen Jahrhunderts.

In Frankreich erscheint, wie schon erwähnt, noch einmal (1810) das von der Regierung herausgegebene Werk von Michaux Vater und Sohn, — die zusammen fast 30 Jahre in Nordamerika zugebracht haben und alles aus eigener langjähriger Anschauung und Erfahrung schildern (1784—1811), in 24 Lieferungen mit 145 außerordentlich naturgetreuen, unübertroffenen Illustrationen, heute noch unerreicht dastehend.

Andererseits sehen wir, daß, nachdem in Frankreich seit Mitte des Jahrhunderts (Duhamel 1755) die Minister regen Anteil an der Einbürgerung der fremden Arten genommen, von dort nichts wieder verlautet. Wohl mögen die Revolution und die langen Kriege zu Anfang des Jahrhunderts einen Teil der Schuld tragen.

Die Hauptschuld tragen aber ohne Zweifel die forstlichen Kreise. Sie hatten sich wohl niemals die großen Gesichtspunkte, mit denen sich viele Jahre die französischen Minister trugen, zu eigen gemacht und nirgends finden wir die Forstleute erwähnt. Frankreich, welches 150 Jahre allen weit voraus war und wirklich an der Spitze marschierte, bedeutet in dieser Frage nichts mehr.

Auch mit den sehr aussichtsvollen Nadelhölzern, die seit den zwanziger Jahren des vorigen Jahrhunderts aus Nordwestamerika zu uns gekommen sind, werden von den französischen Forstbehörden, wie wir hören, noch keine übers ganze Land verteilten, einheitlichen Versuche wie in Deutschland gemacht.

Wie die forstlichen Kreise in Frankreich von Michaux keine Notiz nahmen, so widerfuhr Wangenheim aus denselben Kreisen in Deutschland ein gleiches Schicksal.

So geschieht bei uns ein Jahrhundert nichts, — ein volles Jahrhundert ist für diese wichtige Einbürgerung nutzlos verstrichen!

Einige allgemeine Betrachtungen über die Wirkungen des Winters 1879—1880 auf einheimische und ausländische Holzarten.[1]

(1881.)

Die außerordentlichen Erscheinungen, welche der Winter von 1879/80 im Gefolge hatte, veranlassen uns aus, dem reichen gesammelten Material einige der interessantesten Punkte zusammenzustellen. Wir werden daraus zu unserer Beruhigung ersehen, daß selbst in jenen Gegenden, wo diese Verwüstungen am größten waren, diese sich doch nur als eine Wiederholung früherer Zeiten darstellen, da Nachrichten aus vergangenen Jahrhunderten uns von ähnlichen und wohl noch schlimmeren Zuständen melden. Auszüge aus alten Chroniken haben uns während des letzten Winters in Zeitschriften und Zeitungen Kenntnis davon gegeben, daß Deutschland in früheren Jahrhunderten ganz extreme Wintertemperaturen durchzumachen hatte. Da die Nachrichten aus den allerfrühesten Zeiten wohl weniger Anspruch auf Zuverlässigkeit machen können, so wollen wir nur einige Zahlen seit dem 15. Jahrhundert bringen. 1432 und 1435 erfroren in Süddeutschland die Reben und Obstbäume. 1459/60 konnte man zu Pferde und zu Fuß aus Dänemark über das Eis nach Lübeck, Wismar, Rostock und Stralsund, ebenso von Reval nach Schweden und Dänemark gelangen. 1486 erfroren in Württemberg die Reben im Boden; 1551 in Deutschland Obstbäume und Reben. 1571 fror das

[1] Zeitschrift für Forst- und Jagdwesen, Januar-Heft 1881.

Wasser in den Brunnen in Süddeutschland. 1607 erfroren viele Bäume, Reben und Obstbäume. In Danzig lief man zu Pfingsten auf dem Stadtgraben Schlittschuh. 1680 war ein so strenger Winter, daß viele Menschen ums Leben kamen. 1774 fror es von November bis Mai. 1788 erfroren nicht nur Obstbäume, sondern auch viele Waldbäume.

Der erste strenge Winter, über welchen man in England authentische Nachrichten besitzt[1]), war der von 1682/83. Er war der längste seit Menschengedenken. Die Baumwelt litt außerordentlich, namentlich die Eichen, die derart gespalten waren, daß man hindurch sehen konnte, und das Holz war natürlich auf die Dauer unbrauchbar geworden. Man beobachtete damals schon, daß, während Eiche, Hülse, Taxus erfroren, fremde Arten wie Granatbaum, Laurus u. s. w. wenig beschädigt wurden. Ein nicht so langer, aber noch kälterer Winter war der von 1708/9, während Schottland fast ganz verschont blieb. Fernere kalte Winter waren die von 1739—1742—1788—1795—1814—1838 und 1855.

Im Jahre 1420[2]) wurde Paris durch den Frost entvölkert, die Leichen, welche man nicht beerdigen konnte, fanden sich in großer Zahl auf den Straßen. 1433 schneite es ohne Unterbrechung 40 Tage. 1570 erfroren in vielen Gegenden Frankreichs alle Obstbäume, eine Erscheinung, welche sich im Lauf der nächsten Jahrhunderte häufig wiederholte.

Wenn wir nun auch über jene Perioden nicht genauer zu berichten vermögen, so liegt dieses in der Natur der Sache. Denn selbst bei dem letzten ähnlich strengen Winter von 1828/29, welcher allerdings im Norden heftiger auftrat, als der letzte, wie unentwickelt war damals die Tagesliteratur! Der Telegraph, welcher uns dieses Mal täglich genaueste Nachrichten über Minima und alles andere Wissenswerte brachte, existierte nicht, — Fachzeitschriften über Wald und Garten erschienen nur sehr vereinzelt, und so müssen wir uns mit diesen kurzen allgemeinen Andeutungen über

---

[1]) Philosophical Transactions of the Royal Society.

[2]) Bulletin d'arboriculture von Professor Burvenich.

frühere Zeiten begnügen. Wir wollen nun in nachfolgendem die Schäden untersuchen, von welchen die einheimische Vegetation betroffen wurde, und welche an ausländischen Arten beobachtet worden sind, und schließlich versuchen, ob nicht aus sehr vielen einzelnen Beispielen einige allgemeine Gesichtspunkte gewonnen werden können, welche dazu beitragen mögen, in diese schwierige Frage des Aushaltens und Erfrierens einige Klarheit zu bringen. In einer Mitteilung über die Temperaturverhältnisse des Winters 1879/80 von der deutschen Seewarte in Hamburg heißt es:

„Die Strenge und Dauer des letztverflossenen Winters stellen „ihn für den größeren Teil Mittel- und Südeuropas in die Reihe „der großen historischen Winter, ja lassen ihn in manchen „Beziehungen für gewisse Gegenden als den härtesten erscheinen „welcher in den letzten 1½ Jahrhunderten, seitdem überhaupt fortlaufende Thermometer-Beobachtungen ange„stellt werden, aufgetreten ist. In dem Raume von der „mittleren Donau bis nach Westfrankreich und von der Sahara „bis zur Nordgrenze Bayerns und Belgiens scheint ein Dezember „mit so niedriger Mitteltemperatur in dem genannten Zeitraum „nicht vorgekommen zu sein, und zeichneten sich auch die beiden „angrenzenden Monate November und Januar durch ungewöhnlich „anhaltende und strenge Kälte aus; da auch der vorhergehende „Sommer in dem größeren Teile von Mitteleuropa sich durch Kühle „ausgezeichnet hatte und auch in den folgenden Monaten Februar „und März die Temperatur sich im ganzen niedrig erhielt, so ist „damit eine der außergewöhnlichsten und für den Gartenbau ver„hängnisvollsten Perioden langdauernder und zum Teil sehr „starker Abkühlung unter die normale Temperatur gegeben, von „welcher Europa je betroffen worden ist.

„In dem oben umschriebenen Gebiete sind es in früheren „Jahrgängen nur die Monate Dezember und Januar der Winter „1788/89 und 1829/30, sowie teilweise Dezember 1840, welche in ihrer „Mitteltemperatur dem Dezember 1879 nahekommen und in den „äußersten Kältegraden, welche erreicht wurden, diesen selbst noch „übertreffen. In Norddeutschland und im östlichen Mitteldeutschland

„war hingegen die Temperatur des letzten Winters bedeutend „weniger abnorm und war der Dezember 1879 bei weitem nicht „so kalt, wie nicht nur Dezember 1829, sondern auch wie mehrere „Monate noch neuerer Jahrgänge, z. B. Januar 1838 und 1848."

Während überall ein feuchter Sommer und Herbst die Holzreife nur wenig förderte und die Pflanzenwelt ungenügend vorbereitet in den ausnahmsweise früh sich einstellenden Winter eintrat, war es natürlich, daß die letztjährigen Triebe vielfach erfroren, und sind hiervon ausnahmslos fremde und einheimische Arten betroffen worden. Von anderen größeren Schäden haben wir hier bei uns im Norden nicht zu berichten, — die größte Kälte war hier im Dezember — 19° C. — und im Januar — 12° C. — also nichts Außergewöhnliches, — und nur einige interessante Bemerkungen über einzelne Arten werden wir später an passender Stelle zu erwähnen haben.

In Süddeutschland und im westlichen Mitteldeutschland war die mittlere Temperatur im November etwa 2°, im Dezember 7—11°, im Januar 2—4° niedriger, als das vieljährige Mittel dieser Monate für diese Gegenden beträgt, und das Minimum an acht Stationen in Bayern variierte im Dezember zwischen 23 und 28° C., im Januar zwischen 20 und 26°; in Württemberg an sechs Stationen im Dezember zwischen 22 und 26°, im Januar zwischen 18 und 22°; in Baden an vier Stationen im Dezember zwischen 21 und 24°, im Januar zwischen 15 und 23°; in Straßburg im Dezember 23°.

In Belgien begann der Frost am 19. November und in vielen Gegenden fror es bis Anfang Februar fast unausgesetzt, mit Minima von 18—21°, in Baillonville (Provinz Namur) bis zu 32° und stand hier am Mittag dieses Tages das Thermometer noch auf 29° C.!

In den Niederlanden war der Frost auch von ungewöhnlicher Dauer und Strenge, selbst in der unmittelbaren Nähe des Meeres, und sind Minima von 18° offiziell angegeben. Die Mitteltemperatur war an vielen Orten während des Dezembers mehrere Grade unter Null.

In Frankreich fror es in der Normandie im Dezember bis zu 28°, in Angers 22°, in der Picardie 28°, im Departement de la Seine an verschiedenen Stellen von 23—28°. In der zweiten Dezemberwoche in Paris bis 28° — bei Fontainebleau 31° und im Rothschildschen Park in Vaux-de-Cernay 35°; in Soissons am 7. Dezember 21° — am 8. 22° — am 9. 28° — am 10. 29°. Der Direktor des Observatoriums zu Montsouris bei Paris bemerkt zu Anfang Dezember, daß dieser Winter seit einem Jahrhundert der sechste mit großer Kälte sei, und wir können hinzufügen, nachdem wir die Beobachtungen des Dezember zur Hand haben, daß es der kälteste gewesen ist.

1788/89	fror	es	an	86	Tagen,	größte	Kälte	21,5° C.
94/95	„	„	„	64	„	„	„	23,5° C.
1829/30	„	„	„	76	„	„	„	17,2° C.
37/38	„	„	„	77	„	„	„	19° C.
71/72	„	„	„	59	„	„	„	21,3° C.
79/80	„	„	„	(?)	„	„	„	bis 28° C.,

wenn wir die ganz ausnehmend niedrigen Beobachtungen von 31 und 35° selbst mit einem (?) versehen wollen.

In Italien waren die kältesten Grade im Dezember und Januar in

Turin	—14°	—12°
Mailand	—12°	—10°
Venedig	— 8°	— 9°
Florenz	— 7°	—10°
Genua	— 5°	— 3°
Rom	— 4°	— 6°
Neapel	— 2°	— 3°.

Nach einem Bericht des Hofgärtners Schmidt in Athen hatte man dort Ähnliches von Winterkälte noch nicht erlebt, — von Anfang Dezember an fror es fast vier Monate jeden Tag — 1— 3°. Die größte Kälte hatte man zwischen dem 12. bis 16. März mit starkem Schneefall und — 6° C.!

Auch in England war fast den ganzen Dezember Frost bis zu — 7 bis 10° C., und im nordöstlichen England und in Süd-Schottland fiel das Thermometer an vielen Stellen bis auf — 18—23° C., ja in Berwickshire hatte man am 4. Dezember auf der Station Blockadder — 23° F. = — 30,6° C.! In London erhöhte sich die Sterblichkeit an den Respirationsorganen auf 799 Fälle in der dritten Dezemberwoche und übertraf den wöchentlichen Durchschnitt an diesen Krankheiten um 288 Fälle.

So finden wir überall in Mittel- und Südeuropa Mitteltemperaturen, welche normalen Jahren gegenüber 7—10° zu niedrig sind, und welche in ihren Wirkungen um so verheerender auftreten mußten, da die Kälte an vielen Stellen ausnahmsweise früh eintrat. Um nun den Schaden etwas übersichtlich darzustellen, wollen wir die erfrorenen und beschädigten Pflanzen in zwei Gruppen teilen und erst einmal eine kurze Umschau halten, wie sich die Wirkungen des Frostes in unserer einheimischen Vegetation bemerkbar gemacht haben. Es kann hier natürlich nicht die Aufgabe sein, eine Art Statistik der erfrorenen Bäume zu geben, sondern an einigen größeren Beispielen zu zeigen, wie gewaltig die Zerstörungen in die Ökonomie ganzer Landstriche eingegriffen haben.

Aus einem amtlichen Bericht des Regierungsbezirks Wiesbaden ersehen wir, daß eine statistische Aufnahme ergeben hat, wie der Obstbau auf eine Reihe von Jahren hinaus geschädigt worden ist. Als durch Frost abgestorben wurden im Juli und August gezählt: „179577 Äpfelbäume, 47323 Birnbäume, 289378 Pflaumenbäume, 11072 Kirschbäume, 724 echte Kastanien, 4973 Nußbäume und 425 andere (?) Bäume, zusammen 503472 Fruchtbäume. Nach dieser Zählung hat der Frost fast $^1/_3$ des ganzen Bestandes an tragbaren Obstbäumen getötet. Vorzugsweise wurden deutsche Pflaumensorten davon getroffen."

Noch schlimmer sah es in Bayern aus. Der Regierungs-Präsident Graf von Luxburg hat über den Frostschaden in Unterfranken statistische Erhebungen machen lassen, und sind allein hier zu Grunde gegangen: Äpfelbäume 209400 — Birnbäume 48471

— Walnußbäume 13922 — Kirschbäume 34860 — Zwetschenbäume 1174500 (!!) — Pflaumenbäume u. s. w. 21185 — Rebstöcke 2790000! Der Gesamtschaden wird in diesem Regierungsbezirk auf über 20 Millionen Mark geschätzt[1])!

Wer in Baden und Württemberg in diesem Sommer gereist ist, wird dort ähnlichen Schaden gesehen haben. Aus Karlsruhe wird im November berichtet: Im Auftrage des Großherzoglichen Ministeriums hat das Statistische Bureau eine Erhebung über den Bestand an Obstbäumen, wie er im Herbste gewesen ist, und über die Zerstörungen vorgenommen, welche die Kälte des Winters von 1879/1880 angerichtet hat. Das Ergebnis dieser Erhebung liegt nunmehr bis auf Einzelheiten vor. Es stellt sich dasselbe für das Großherzogtum Baden folgendermaßen: Bestand im Herbst 1879 an Obstbäumen 10044684, davon erfroren Äpfel 20,6 % — Birnen 10,6 — Kirschen 21,5 — Pflaumen 14,7 — Zwetschen 31,8 — Nußbäume 13,0 — u. s. w., im ganzen 2262903 oder 22,5 %! Also fast der vierte Teil! Zu diesen Verlusten kann nun noch ein bedeutender Zuschlag gemacht werden, da viele Bäume erst im Laufe der nächsten Jahre allmählich absterben werden, wie man es schon im September an den Zwetschenbäumen in Süddeutschland sehen konnte, die, mit Früchten behangen, plötzlich eingingen. Nimmt man den Reinertrag eines Baumes nur mit wenigen Mark an, so ergibt sich ein Verlust von einer Rente von Millionen auf eine Reihe von Jahren!

Sehr viele Berichte stimmen darin überein, daß Taxus baccata, Hedera, — (wir selbst haben an manchen Stellen vielhundertjährigen bis in die Wurzel getötet gesehen), Hülse (Ilex) — Spartium erfroren sind, und ein Bericht aus Hattersheim meldet, „sogar die Kiefer ist zum Teil erfroren“.

Sind nun schon in Mittel- und Süddeutschland solche Schäden zu konstatieren, welche auf Jahre hinaus sich fühlbar machen werden, also in Gegenden, wo doch immerhin die Baumwelt an

---

[1]) Protokoll der Versammlung deutscher Pomologen in Würzburg. Oktober 1880.

ziemlich extreme Witterungsverhältnisse gewöhnt ist, — so kann man leicht einen Schluß ziehen auf die ganz entsetzlichen Verwüstungen, welche der letzte Winter den einheimischen Vegetationen in Holland, Belgien, England, Frankreich und Italien zugefügt hat. In Belgien erfroren ebenfalls au vielen Stellen Hedera, Taxus baccata, Spartium scoparium, Ilex aquifolium, Picea pectinata (Weißtanne) in Baillonville, in der Nähe von Lüttich, Abies excelsa (Fichte), Fraxinus excelsior, 50 jährige Quercus robur pyramidalis.

In Frankreich sind die gemeldeten Verluste in manchen Gegenden totale. Die Hundsrose, Rosa canina, Taxus baccata, Hedera, Weißdorn, Corylus Avellana, selbst die für ihre Dauerhaftigkeit bekannten Obstbäume, namentlich Äpfel, erfroren bis in die Wurzel. Frostrisse an unzähligen Waldbäumen, besonders Quercus robur, werden vielfach gemeldet, und alles hat bei diesen niedrigen Temperaturen sehr gelitten.

In Athen erfroren im Hofgarten über hunderttausend Bäume und Sträucher, Rosen, Oliven und vieles andere, — und alles, was bisher 3° C. ausgehalten hat, ist in diesem Winter total erfroren. Augenzeugen, welche in diesem Frühjahre dort waren, haben uns diesen trüben Zustand bestätigt.

Der berühmte Pinienwald „La Pineta“ bei Ravenna ist fast gänzlich bis auf 2—3 % vom Frost zerstört worden[1]), anderer Schäden an einheimischen Bäumen in Italien gar nicht zu gedenken.

Da es sich nun, so lange wir uns auf „einheimische“ beschränken, um sehr wenige Arten handelt, so können wir diese kurze Rundschau beschließen und konstatieren, daß in allen Ländern, wo dieser ausnahmsweise Winter monatelang gedauert hat, daß dort überall eine Menge „einheimischer Arten“ in unzähligen Individuen zu Grunde gegangen sind.

Indem wir nun zur Betrachtung der fremden Arten übergehen, ist es uns noch niemals so deutlich geworden, wie überwiegend die Zahl der bei uns eingeführten Pflanzen den wirklich ein=

[1]) Botanisches Zentralblatt Nr. 21/22. 1880.

heimischen gegenüber ist und wie eigentlich diese letzteren gegen jene ganz verschwinden. Wir haben uns wiederholt ertappt, Arten, welche bereits vor vielen Jahrhunderten das ihnen vom Oberforstmeister Dr. Borggreve vindizierte „natürliche Verbreitungsgebiet" verlassen haben, unter die „einheimischen" zu rechnen, und haben bei genauer Revision manches streichen müssen.

Diese Totenlisten, namentlich über fremde Nadelhölzer, würden nun viel weniger Namen enthalten, wenn man zwei Punkten mehr Rechnung tragen wollte.

Ein englischer Bericht über den letzten Winter sagt, daß im Jahre 1870/71 viel mehr erfroren sei als im verflossenen, worauf diese Angabe aber von anderer Seite richtig gestellt wird, daß man die Kultur der damals arg beschädigten Arten ganz aufgegeben und daher die Zahl der im letzten Winter erfrorenen erheblich abgenommen habe. Weit geringer würde der Schaden auch bei uns sein, wenn man diese Arten ein- für allemal aus unseren Kollektionen verbannte.

Ich erlaube mir dieses an einigen Beispielen zu erläutern. Mein geehrter Freund, Herr von Rath auf Lauersfort, hat in dem September-Heft 1880 dieser Zeitschrift seine Erfahrungen im letzten Winter in einer übersichtlichen Zusammenstellung veröffentlicht. Ein hübsches Beispiel für das Interesse, die Sachkenntnis und die Beobachtungsgabe eines gebildeten Laien.

Die Liebhaberei veranlaßt aber einen solchen passionierten Freund fremder Hölzer mit Arten zu experimentieren, welche sich absolut nicht für unsere Verhältnisse qualifizieren, und die über kurz oder lang zu Grunde gehen müssen, und welche wir hier niemals kultiviert haben. Dagegen ließe sich nun im allgemeinen nichts einwenden, wenn wir die ganze Frage der Naturalisation bereits genauer kennten; da dieses aber nur in höchst ungenügender und mangelhafter Weise stattfindet, so wirkt die Veröffentlichung eines solchen Totenberichtes im allgemeinen deprimierend, gibt den Gegnern einen willkommenen Hinweis für die Richtigkeit der von ihnen vertretenen Ansicht und trägt, angesichts unserer ungenügenden Kenntnis in dieser ganzen Materie, nur dazu bei, die Frage noch mehr zu komplizieren.

Für Versuche in Bezug auf Forstwirtschaft kommen alle auf Seite 541/42 unter Klasse A. genannten Arten nicht in Betracht, wie Herr von Rath das auch sehr richtig am Schluß, Seite 546, betont, indem er Privaten empfiehlt, „sie mögen fortfahren, an sehr „geschützten Stellen mit der Gruppe A. zu experimentieren".

Das mag nun für südlichere Gegenden passen, für unser Klima würden wir diese Arten alle ausschließen mit Ausnahme von Taxodium sinense pendulum, einem der schönsten Zierbäume, hier in großen Exemplaren und absolut hart. (Durchaus zu verwerfen sind aus Klasse A.: Cedrus Deodora — Libani — Cryptomeria elegans und chinensis (? syn. japonica?) Cunninghamia sinensis und Araucaria imbricata).

Auch in dem sehr interessanten Artikel des Herrn Forstrat Dr. v. Nördlinger in der „Deutschen Revue" finden sich die Namen verschiedener Arten (von denen eigentümlicher Weise einige aushielten, worauf wir später zurückkommen werden), welche über kurz oder lang stets zu Grunde gehen müssen: die bereits oben genannten Zedern, dann vom Himalaya Abies Smithiana und Pinus excelsa, — ferner Pinus Coulteri — Pinus Sabiniana und Taxodium sempervirens. Wenn eine solche Kategorie total erfrorner in derartigen Berichten ganz fehlen würde, so schwächte sich das schlimme Resultat eines kalten Winters wesentlich ab. Da nun das Erfrieren bei genauester Kenntnis dieser Arten a priori auch ohne große Weisheit mit Sicherheit vorauszusagen ist, — so sollte man, wie gesagt, gar nicht mehr mit ihnen experimentieren, oder wenn man es tut, dieses mehr als „Kuriosum" publizieren, als daß man sie in einem Artikel mit den anderen, für unsere forstliche Versuchsfrage in Betracht kommenden Arten nennt. Der andere Umstand, welcher das größte Kontingent zu den Totenlisten hinzufügt, ist die durchaus widernatürliche Behandlung, welche sich die Exoten gefallen lassen müssen. Fast sämtliches Material, mit dem heute versucht wird, um Erfahrungen zu sammeln, besteht doch mit verschwindend kleinen Ausnahmen aus „einzelstehenden" Pflanzen, während die Art gesellig wächst und meistens in großen geschlossenen Beständen vorkommt, also von vornherein ein ganz ungenügendes

Versuchsobjekt gibt. Nehmen wir hierzu die Erziehung eines solchen Individuums: — unnatürliche Anzucht, häufig im Mistbeet, wiederholtes Verpflanzen, zur Konservierung der Ballen für weiteren Transport werden dieselben in Körbe gesetzt, eine hübsche Prozedur, bei welcher häufig unbarmherzig mit den Wurzeln umgegangen wird, — dazu der unrichtig gewählte Boden, weil man die Bedürfnisse des Baumes für den richtigen nicht kennt, sodann das Begießen, welches meistens in ganz irrationeller Weise geschieht, genug, nehmen wir all dieses zusammen, so muß man sich wundern, daß noch immer so viele von den Fremden überhaupt leben, wenn auch allerdings oft genug nur kümmerlich ihr Dasein fristen.

Ein so in jeder Beziehung für irgend welche ausnahmsweisen Witterungsverhältnisse durchaus ungenügend vorbereitetes Individuum geht zu Grunde, geschieht dieses im Sommer, so sagt man: es vertrocknete, geht es im Winter ein, dann heißt es: es erfror und „die Art hält bei uns nicht aus".

Nicht allein hier, sondern in allen anderen Disziplinen sehen wir, wie man aus bestimmten Erscheinungen durchaus falsche Schlüsse zieht. Es ist ja unzweifelhaft, daß die einzelne Tatsache, welche etwas zu beweisen scheint, etwas Brutales an sich hat, man ist gezwungen, das Faktum zuzugeben, welches durch Beweise bekräftigt wird; daß diese nur scheinbar richtige sind, kann man in vielen Fällen auch nicht ohne weiteres nachweisen, da man in unserem Falle weder genau die Herkunft der Erfrorenen, noch die Bedingungen, unter denen sie jahrelang vegetierten, kennt. Aber wie der Arzt durch eine langjährige Erfahrung die Lebensgeschichte eines Kranken aus dem Eindruck der ganzen Persönlichkeit in sehr vielen Fällen treffend diagnostizieren kann, so kann man auch in den meisten Fällen die Krankheit „der erfrorenen Fremden" beurteilen, welche, unrichtig aufgezogen, am unrechten Orte gepflanzt sowohl in Bezug auf Boden, Lage, Exposition endlich zu Grunde gingen, — sie erfroren nicht.

Könnten wir sämtliches Versuchsmaterial auf seine Qualifikation untersuchen, so würde nur ein verhältnismäßig geringer Teil solcher Pflanzen übrig bleiben, bei denen diejenigen Bedingungen sich erfüllen, die allein gelten können, um beweiskräftig zu erscheinen, — operierten wir sachverständig in dieser Weise, würden die endlosen Klagen über das Erfrieren mehr und mehr verstummen und eine raschere Einigung über die richtigen Gesichtspunkte bei dieser Frage sich erzielen lassen. Verfahren wir ebenso irrationell mit unseren einheimischen Kiefern und Fichten, wie wir es mit den fremden tun, so können wir mit Sicherheit annehmen, daß sie dieser Behandlung in manchen Fällen nicht so lange widerstehen werden, wie die fremden es teilweise tun. Auch sie gehen schließlich zu Grunde, aber erfrieren nicht.

Aus dem überreichen vorliegenden Material ist es schwer, dem Leser in anschaulicher Weise und in nicht ermüdender Wiederholung das Verhalten aller in Betracht kommenden Arten vorzuführen, und wir wollen versuchen, nur an wenigen Beispielen einiges Allgemeine kurz zu erläutern, wodurch namentlich die Richtigkeit des vorhin Gesagten aufs deutlichste bewiesen wird.

Wir konstatieren zuerst die interessante Tatsache, daß wir bei genauester Durchsicht aller Berichte aus europäischen Ländern kaum eine Art gefunden haben, welche nicht in einem bestimmten Alter irgendwo mehr oder weniger gelitten, irgendwo ganz zu Grunde gegangen wäre. Ließen wir nun diese einzelnen Tatsachen maßgebend sein für unsere fernere Stellung hinsichtlich der Versuche, so kämen wir zu dem Schlusse, nicht nur uns nicht mehr mit den fremden zu beschäftigen, sondern auch die Kultur vieler unserer einheimischen Arten aufzugeben. Ein älteres Beispiel aus dem Jahre 1875[1]) beweist uns, wie die gewöhnlichen einheimischen Pflanzen erfrieren und anscheinend nicht winterharte widerstehen. Es heißt in der unten zitierten Schrift: „Im Garten der Obst- und Gartenbausektion der schlesischen Gesellschaft vor Breslau erfroren am 7. Dezember 1875 bei —20° tausende von Obstwildlingen, dagegen erwiesen sich im botanischen Garten ganz hart die japanischen Retinosporen, Libocedrus, Biota orientalis, Abies

[1]) Der Dezember 1875 und der botanische Garten in Breslau, von Geheimrat Prof. Dr. Göppert.

grandis u. s. w., nur wenig beschädigt Cedrus atlantica, Pinus maritima, Pinus Laricio. Die exotischen Koniferen, japanische und kalifornische, welche 1870/71 teils ganz erfroren, teils arg verletzt wurden, sind 1875 viel weniger affiziert, — damals war ein langer schneeloser Winter, diesesmal hohe Kältegrade während kurzer Zeit mit Schnee". Hierzu müssen wir bemerken, daß die bei 20° winterharte Biota orientalis hier bei uns infolge ihr nicht zusagender Bodenverhältnisse leidet, Cedrus atlantica und Pinus maritima weich sind und hier gar nicht in Betracht kommen, dagegen Pinus Laricio absolut hart ist.

Die Mitteilung über das Erfrieren der letzteren in dem bereits vorhin zitierten Berichte des Forstrat Dr. von Nördlinger in Nancy ist interessant, wo aber bei 30° Taxus baccata zu Grunde geht, da darf man es auch der Pinus Laricio nicht verübeln, selbst vom hohen Gebirgsstandort auf Korsika kommend, wenn sie eingeht. Die Douglasfichte hat sich nach dem Nördlingerschen Berichte meist gut erhalten, nur öfters an den Nadelspitzen gerötet, eine Erscheinung, welche sie mit Tanne und Fichte gemein hat; der Garteninspektor Jäger berichtet[1]), daß auch gemeine Fichte und Edeltanne auf der Sonnenseite vom Frost gelitten haben, wie andere Zeugnisse dieses vielfach bestätigen. Wenn die Douglasfichte, wie ein anderer Berichterstatter sagt[2]), zu den meistbeschädigten gehört, so ist jedenfalls der „Frost" als solcher nicht die Schuld, wenn dort die vom Himalaya kommende Pinus excelsa Wall. „vollständig unverletzt" blieb.

Der sehr interessante Bericht des Herrn Gartendirektors Kuntzler, welcher im Augustheft in der Monatsschrift des Gartenbauvereins für die königl. preuß. Staaten veröffentlicht ist, enthält eine Menge höchst eigentümlicher Fälle. Es scheint dort — Hardenberg liegt in der Nähe von Göttingen — der nördlichste Punkt gewesen zu sein, wo die außerordentlichen Erscheinungen des letzten

---

1) Gartenflora von Dr. Regel, S. 223. 1880.

2) Baudisch, F.: Das Verhalten einiger exotischer Nadelhölzer im Winter 1879/80 (Zentralblatt f. d. ges. Forstwesen 1880 S. 208).

Winters, vom Süden heraufkommend, sich besonders fühlbar gemacht haben. Pflaumen, welche im Süden Deutschlands das Hauptkontingent zu den erfrorenen Obstbäumen stellten, sind hier ausnahmslos gut geblieben. Warum auch hier die japanischen Nadelhölzer großenteils nicht affiziert wurden, dagegen die Zirbelnußkiefer und der Taxus litten, ist unerklärlich. Der Schluß dieses Artikels, welcher für eine Menge anderer Lokalitäten geschrieben sein könnte und auch dort passen würde, lautet folgendermaßen:

„Sollte ich unter „Diverses“ erklären, wie schädlich der Winter hier gewirkt hat, so müßte ich mich hier sehr weit ausdehnen, ich bemerke deshalb nur im allgemeinen, daß der Winter oder die Kälte in ihrer Zerstörung unbegreiflich bleibt. Bäume und Sträucher, die sich bisher als absolut winterhart bewährt und die kalten Winter 1844/45, 1859/60 und 1869/70 vollkommen gesund überstanden, sind im letzten Winter verloren gegangen.

In vielen Beständen sind in bunter Abwechselung viele Exemplare von einer und derselben Sorte ganz gesund geblieben, andere ganz getötet, wieder andere haben Äste einmal gegen Norden, dann gegen Osten, Süden oder Westen eingebüßt, einige haben den Zentraltrieb, andere wieder die unteren Zweige verloren. Einige Nadelhölzer, wie Cryptomeria, Biota oder Thuja aurea, elegantissima, Picea orientalis u. dergl., konnten des plötzlichen Winters wegen nicht gedeckt werden, stehen aber heute wohl erhalten und gesund da, hingegen hat vielfach Crataegus oxyacantha gelitten.“

Hat der Gartendirektor Runtzler in Hardenberg[1]) seit 12 Jahren mit der Douglasfichte keinen Erfolg gehabt, so ist das nur ein Beweis, daß sie ebensogut ihre besonderen Bodenanspeüche macht, wie Kiefer, Fichte und Buche, und wenn er sein abfälliges Urteil mit den Worten schließt, er sei fest überzeugt, daß sie nur für „ihr zusagende Lagen“ geeignet sei, so können wir diesem Urteil vollständig beipflichten, umsomehr, da Herr Runtzler über Kalkboden

---

[3]) Deutsche Gärtnerzeitung Nr. 13. 1880.

berichtet, den nach unseren Erfahrungen die Douglasfichte entschieden nicht liebt.

Der Baumschulen-Inspektor Schrefeld in Muskau ist mit dem Verhalten der Douglasfichte zufrieden, der Garten-Inspektor Roth, ebendaselbst, empfiehlt sie nicht. Die Baumschule des ersteren liegt auf einer Hochebene ca. 20—30 m über dem Neißespiegel, die Exemplare, welche der letztere zur Beobachtung hatte, standen in der Niederung der Lausitzer Neiße 1—3 m über normalem Wasserstand. Ist in diesen beiden Fällen nicht der Unterschied im Verhalten auf kleinem Raum vollständig motiviert?

Der fürstlich Wiedsche Hofgärtner Herr Seidemann in Neuwied a. Rh. meldet: Abies Douglasii ist überall erfroren, mit ihr aber auch die Edeltanne und Fichte. Im Schutz größerer Bäume litten nur die Nadeln.

Hätte man Berichte über die Kiefer zu sammeln, wo sie ohne Kenntnis ihrer Bodenansprüche gepflanzt worden wäre, so würden diese Zeugnisse für und wider gerade so auseinandergehen.

Die große Wellingtonia[1]) im königlichen Park zu Laeken, 50 Fuß hoch, hat nicht gelitten, während viele andere in demselben erfroren. In Namur blieben ebenfalls 2 Prachtbäume der Wellingtonia verschont, während sie in vielen besser geschützten Gärten der Stadt total erfroren. In dieser Gegend aber erfroren selbst die Hainbuchen (Carpinus Betulus).

In Eberswalde haben, nach einem Schreiben des Dr. Kienitz vom Juni d. J., viele Hölzer nicht gelitten, die anderswo beschädigt wurden, beispielsweise sind die drei vorhandenen Exemplare der Wellingtonia im Alter von 10 Jahren so gut wie unverletzt geblieben.

Auch bei uns ist die Originalpflanze der Wellingtonia, 45 Fuß hoch, durchaus unversehrt, dagegen verloren viele ihre jüngeren Zweige bis zur Spitze, wie auch bei Nördlinger angegeben, ebenfalls vom Professor Morren in Lüttich beobachtet. Manche starben im Sommer ganz ab. Viele kleine Pflanzen

---

[1]) L'horticulture belge Vol. VI. No. 2. 1880.

blieben ganz gesund, ebenso waren alle in einer Kiefernschonung zwischengesprengten bis in die Spitze frisch und grün. Warum einige Individuen erfrieren, andere unter denselben Verhältnissen gar nicht affiziert werden, ist eben individuelle Disposition, bei der Cholera sterben in einem Hause auch nicht alle Bewohner.

Im botanischen Garten zu Lüttich und in manchen Gärten dieser Stadt erfroren u. a. Abies Nordmanniana, Taxus baccata alle ohne Ausnahme, dagegen kamen ganz ohne Schaden durch eine Menge sonst zu den halbharten gezählte, manche Nadelhölzer, ferner Gunnera scabra, Bambusa aurea rc., — in diesem Winter haben sich die japanischen Arten auch in Lüttich sehr gut gehalten, während sie in früheren vielfach gelitten haben. Bei einem Frost vom 6. bis 29. Dezember zwischen 8 und 20° Kälte ohne Schnee mit unaufhörlichem Sonnenschein konnte der Graf du Buysson[1]) im Departement de l'Allier wohl schreiben: bis auf 2—3 m sind alle Nadelhölzer gebräunt, — sie sind verbrannt von der Sonne, und viele kleinere Pflanzen gingen zu Grunde, wo dieselben Arten in einer Höhe von 4 m intakt blieben.

In Blainonville, wo es 32° C. fror, ging fast alles zu Grunde, und während man häufig als einzig überlebende Art in Baumschulen den Taxus angeführt findet, ist dieser auch hier erfroren. Daß in Paris und im Umkreise von ungefähr 100 km, wo im Jardin des Plantes die großen Linden und echten Kastanien, von Buffon gepflanzt, von oben bis unten Frostrisse erhielten, wo in den größten Rosenschulen Frankreichs, in Brie-Comte-Robert, 5 Millionen Rosen erfroren, und im Walde die Stämme der wilden Rosen, daß uns hier wenig Material geblieben ist, um Untersuchungen und Vergleiche anzustellen, liegt auf der Hand.

Aus der Fülle von Tatsachen wollen wir nur einige allgemeine Bemerkungen der widerspruchsvollsten Erscheinungen des Winters von 1879/80 einander gegenüberstellen.

1. Einheimische, also ganz harte Arten, sind den Witterungsverhältnissen (wir sagen absichtlich nicht dem „Frost") erlegen,

---

[1]) L'Illustration horticole.

während weichere Arten, welche in früheren, gelinderen Wintern meistens zu Grunde gingen, oder doch sehr litten, nicht beschädigt wurden.

2. Wenn auch nur als häufig beobachtete Ausnahme, verdient es doch konstatiert zu werden, daß viele im Schutz mehr litten als einzelstehende Exemplare derselben Art.

3. Manche Arten aus wärmeren Gegenden mit geringeren Winter-Maxima haben im Gegensatz zu früheren Erfahrungen im letzten Winter sich besser bewährt, wie Arten aus nördlicheren Gegenden mit notorisch größeren Winter-Maxima.

Wenn nun sog. historische Winter außergewöhnlichen Schaden anrichten, so hat man doch die Beruhigung, daß sie nur selten wiederkehren, und so gut wie man in Süddeutschland die erfrorenen Obstbäume und Reben durch andere ersetzen wird, — wie es ja auch in früheren Jahrhunderten geschehen, so wird man auch die in der Sologne erfrorenen Waldungen der Pinus maritima von neuem wieder anpflanzen. Von einer Akklimatisation in dem Sinne, den man diesem Worte bisher immer beilegte, kann aber nicht mehr die Rede sein, — wie wir gegen die Anwendung desselben von jeher opponiert haben. Nichtsdestoweniger werden wir immer naturalisieren können, und hat ja gerade in diesem Winter das Prinzip der Naturalisation sich vollständig bewährt, da die seit Jahrhunderten bei uns eingeführten Arten jedenfalls ebensogut aushielten wie die einheimischen, und wo diese erfroren, könnten auch jene, ohne das Prinzip zu alterieren, getrost mit erfrieren. Wollten wir aber aufhören, alles dasjenige zu kultivieren, was in Deutschland und anderen Ländern in dem letzten Winter erfroren ist, so würden auch eine Menge einheimischer Arten in Zukunft aus dem Garten und dem Walde verschwinden müssen.

Den einzig wirksamen Schutz gegen solche Kalamitäten können wir nur dadurch gewinnen, daß wir durch rationelle Versuche und genaue Beobachtung die sehr schwierige Frage des Aushaltens und Erfrierens zu erforschen suchen und Mißerfolge nicht, wie das meistens geschieht, voreilig der „Art" zur Last legen, sondern jene als eine Folge unserer mangelnden Kenntnis der natürlichen

Lebensbedingungen ansehen. Daß diese teilweise noch sehr gering, beweisen uns leider die Verhandlungen mancher forstlichen und Gartenvereine, wie auch die unverständigen Artikel in Fachzeitschriften. So lange man allen Ernstes über „Kalthauspflanzen", welche nicht unter 0° vertragen können, auf forstlichen Versammlungen spricht, dazu rechnen wir den australischen Fieberbaum Eucalyptus globulus, und diesen in einem Athemzuge mit den Nadelhölzern des nordwestlichen Amerika nennt, — so lange es passieren kann, daß in einer Fachschrift die australische Dammara für unser nordisches Klima zum forstlichen Anbau empfohlen wird, und so lange man eine Menge Arten kultiviert, die absolut nicht für uns passen, so lange werden alljährlich die Totenlisten beträchtliche sein, und so lange werden nur sehr allmählich mit den in Betracht kommenden Arten solche Versuche angestellt werden, deren Resultate uns endlich einen Abschluß geben, seien es positive oder negative.

Aufmerksame Beobachtung und Untersuchung sind in erster Linie erforderlich. Der Standort kann ebenso verschieden sein wie die Lage, der Boden, die Exposition; je kräftiger der Boden, desto üppiger und länger dauernd das Wachstum, desto später die Holzreife, desto schlimmer die Wirkung des Frostes. Und wie unendlich verschieden wiederum diese! Ob nach feuchtem Sommer mit unreifem Holz, oder nach warmem mit gehöriger Holzreife; ob der Frost sehr früh mit geringeren Graden, oder plötzlich mit äußerster Härte eintritt; ob eine schützende Schneedecke und sonnenloser Himmel, oder blendende Sonne und schneeloser Winter; ob hohe Kältegrade auf kurze Zeit oder geringere von langer Dauer; ob die Pflanze einzeln oder gesellig; ob das Samenkorn, aus dem sie erzogen, kräftig, oder ein schlecht befruchtetes; ob es in einer Gegend reifte, wo die Art in höchster Vollkommenheit, oder ob es von einem minder kräftigen Individuum geerntet wurde, — tausendfach verschieden können sich diese Umstände gestalten und tausendfach verschieden die Resultate; daher auch die mannigfaltigsten, scheinbar widerspruchvollsten Erscheinungen, für den Eingeweihten verständlich, wenn auch lange nicht immer erklärlich. Niemals dürfen wir von einem einzelnen Fall auf einen anderen schließen, — wir dürfen bei ungünstigem Erfolg nur das Faktum konstatieren und sagen: hier ist die Beobachtung gemacht, womit der Mißerfolg für die Lokalität angedeutet ist, — wir müssen uns abgewöhnen, aus einem solchen den allgemeinen Schluß für eine Provinz, für ein Land zu ziehen. Jeder Fall als solcher hat Wert, jeder muß mit allen begleitenden Umständen erschöpfend untersucht werden, jeder ist ein Baustein zu unserer Erkenntnis. Objektiv, etwas von der „herben Kritik deutschen Wesens" bei Seite lassend, müssen wir an diese schwierige Aufgabe herantreten! Wie wir es sollen? Das lehren uns die Altmeister Cotta und Pfeil. Heinrich Cotta sagt:

„Wir müssen die Erfahrung vieler, von vielen Jahren, aus vielen Gegenden, unter mannigfaltigen Umständen, sammeln, zusammenstellen, aus ihnen Hauptregeln ableiten, Grundsätze aufstellen und diese modifizieren lernen," — und Pfeil spricht in seinen „kritischen Blättern" ein Wort aus, welches nirgends mit größerer Berechtigung wie bei der vorliegenden Materie anzuwenden ist: Was hier wahr ist, ist dort falsch und so umgekehrt, darum muß man so viel als möglich die Fälle aufsuchen und sammeln!"

GPSR Compliance

The European Union's (EU) General Product Safety Regulation (GPSR) is a set of rules that requires consumer products to be safe and our obligations to ensure this.

If you have any concerns about our products, you can contact us on ProductSafety@springernature.com

In case Publisher is established outside the EU, the EU authorized representative is:

Springer Nature Customer Service Center GmbH
Europaplatz 3
69115 Heidelberg, Germany

Batch number: 10682323

Printed by Printforce, the Netherlands